CHANYE ZHUANLI
FENXI BAOGAO

产业专利分析报告

(第67册)——第三代半导体

国家知识产权局学术委员会 ◎ 组织编写

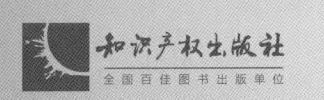

知识产权出版社
全国百佳图书出版单位

图书在版编目（CIP）数据

产业专利分析报告. 第67册，第三代半导体/国家知识产权局学术委员会组织编写. —北京：知识产权出版社，2019.7

ISBN 978-7-5130-6330-2

Ⅰ. ①产… Ⅱ. ①国… Ⅲ. ①专利—研究报告—世界 ②半导体工艺—专利—研究报告—世界 Ⅳ. ①G306.71 ②TN305

中国版本图书馆 CIP 数据核字（2019）第 118490 号

内容提要

本书是第三代半导体行业的专利分析报告。报告从该行业的专利（国内、国外）申请、授权、申请人的已有专利状态、其他先进国家的专利状况、同领域领先企业的专利壁垒等方面入手，充分结合相关数据，展开分析，并得出分析结果。本书是了解该行业技术发展现状并预测未来走向，帮助企业做好专利预警的必备工具书。

责任编辑：卢海鹰　王瑞璞	责任校对：王　岩
内文设计：王瑞璞	责任印制：刘译文

产业专利分析报告（第67册）
——第三代半导体

国家知识产权局学术委员会◎组织编写

出版发行：知识产权出版社有限责任公司	网　　址：http://www.ipph.cn
社　　址：北京市海淀区气象路50号院	邮　　编：100081
责编电话：010-82000860 转 8116	责编邮箱：wangruipu@cnipr.com
发行电话：010-82000860 转 8101/8102	发行传真：010-82000893/82005070/82000270
印　　刷：北京嘉恒彩色印刷有限责任公司	经　　销：各大网上书店、新华书店及相关专业书店
开　　本：787mm×1092mm　1/16	印　　张：10.5
版　　次：2019年7月第1版	印　　次：2019年7月第1次印刷
字　　数：230千字	定　　价：60.00元
ISBN 978-7-5130-6330-2	

出版权专有　侵权必究

如有印装质量问题，本社负责调换。

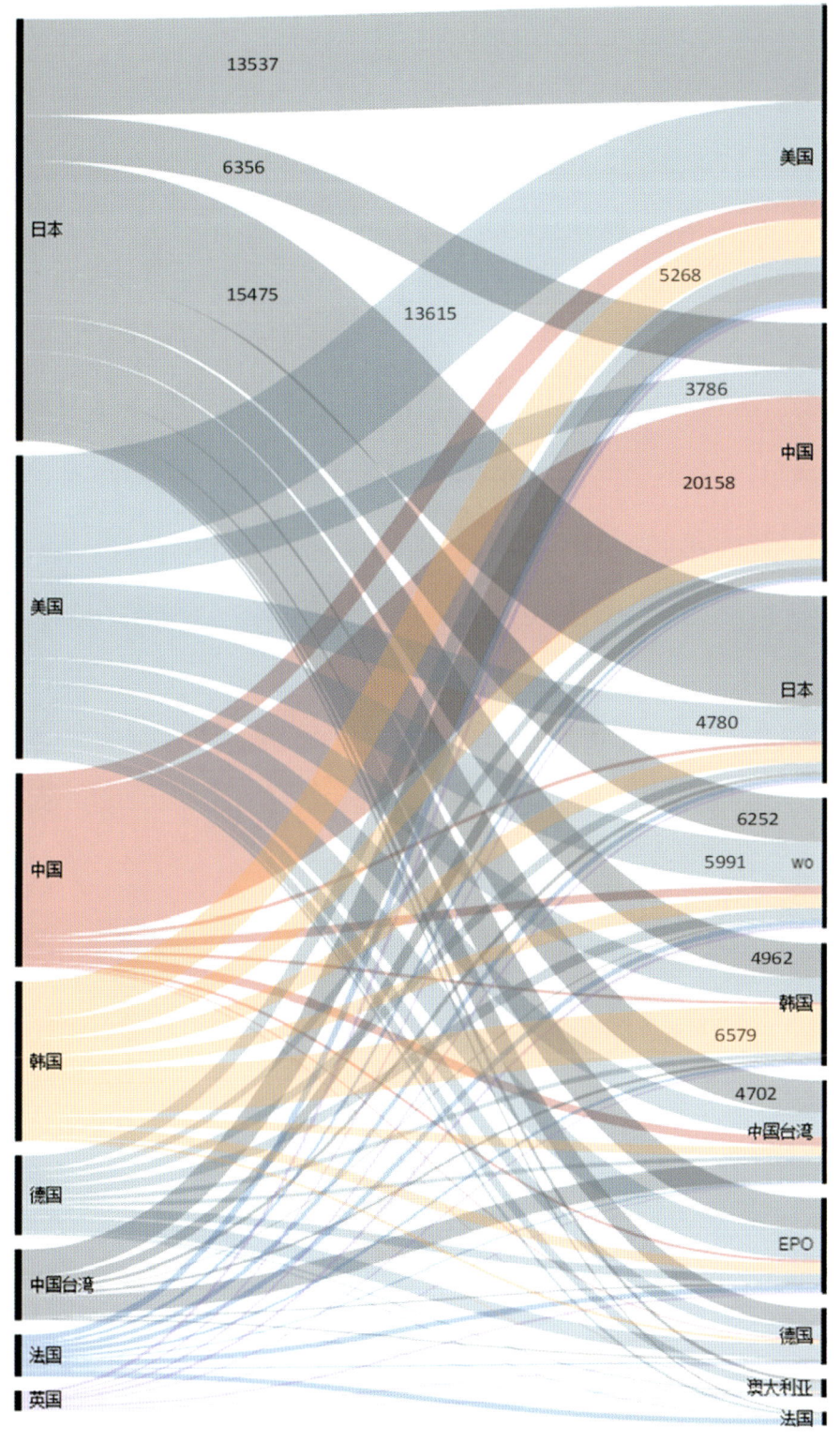

图2-2-2　第三代半导体领域全球专利申请流向
（正文说明见第18~19页）

注：图中数字表示申请量，单位为项。

图2-4-1 第三代半导体领域全球专利技术构成

（正文说明见第26~27页）

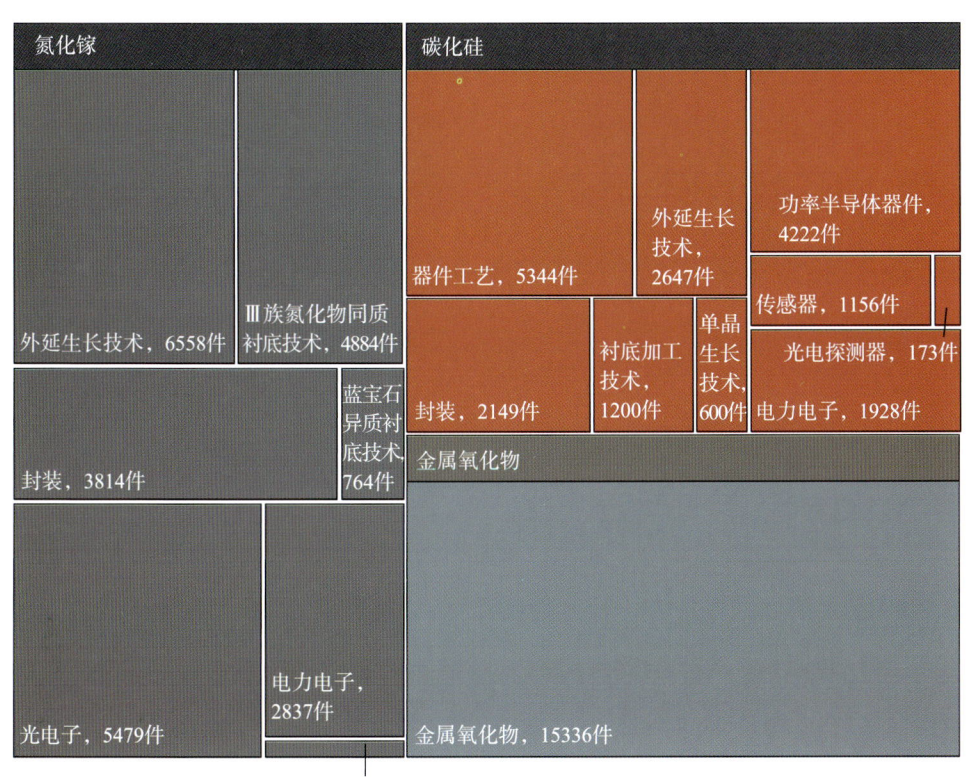

氮化镓

- 外延生长技术，6558件
- Ⅲ族氮化物同质衬底技术，4884件
- 蓝宝石异质衬底技术，764件
- 封装，3814件
- 光电子，5479件
- 电力电子，2837件
- 微波射频，227件

碳化硅

- 器件工艺，5344件
- 外延生长技术，2647件
- 功率半导体器件，4222件
- 传感器，1156件
- 光电探测器，173件
- 封装，2149件
- 衬底加工技术，1200件
- 单晶生长技术，600件
- 电力电子，1928件

金属氧化物

- 金属氧化物，15336件

图2-4-3 第三代半导体领域美国专利技术构成

（正文说明见第28页）

中国 612件 5160件

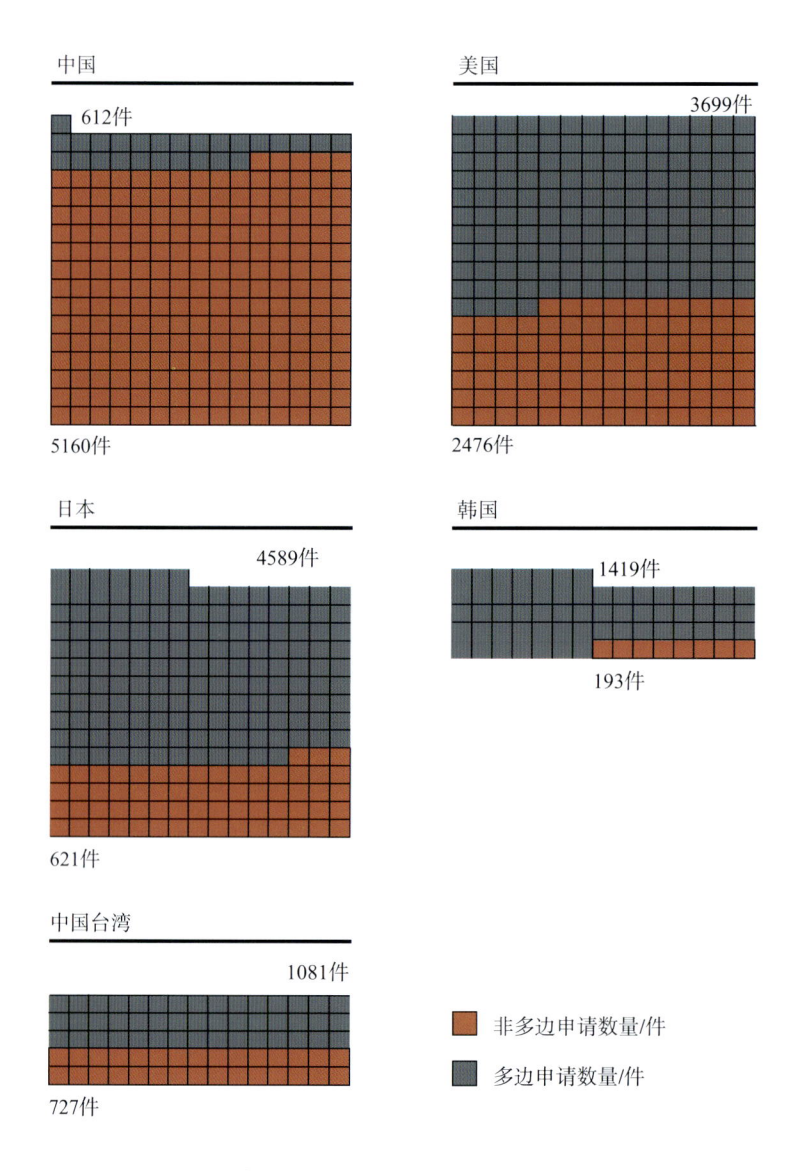

美国 3699件 2476件

日本 4589件 621件

韩国 1419件 193件

中国台湾 1081件 727件

■ 非多边申请数量/件
■ 多边申请数量/件

图3-1-3 碳化硅制备技术主要国家/地区专利布局对比

（正文说明见第33页）

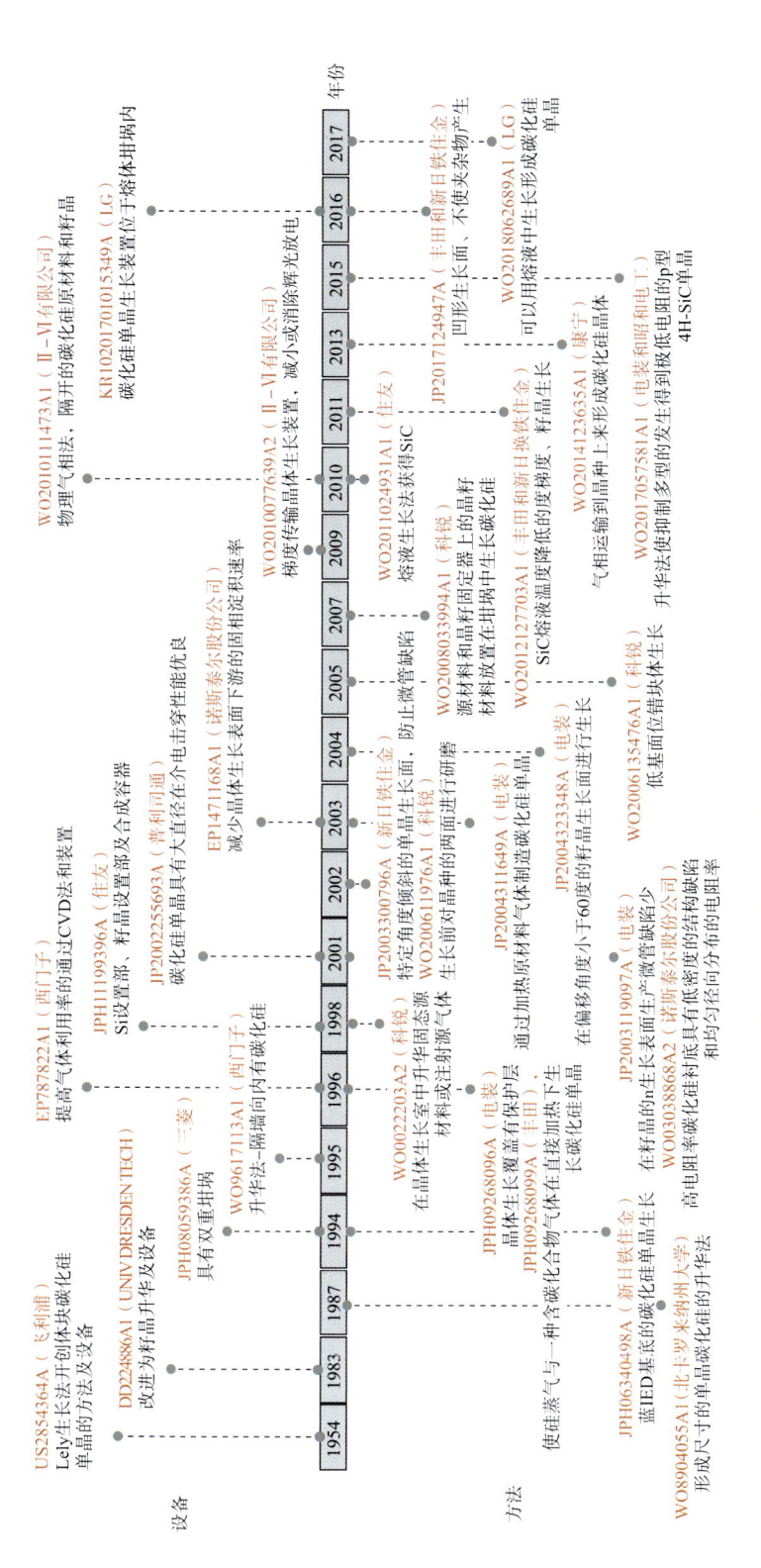

图3-1-5 碳化硅单晶生长技术专利发展路线

（正文说明见第34～36页）

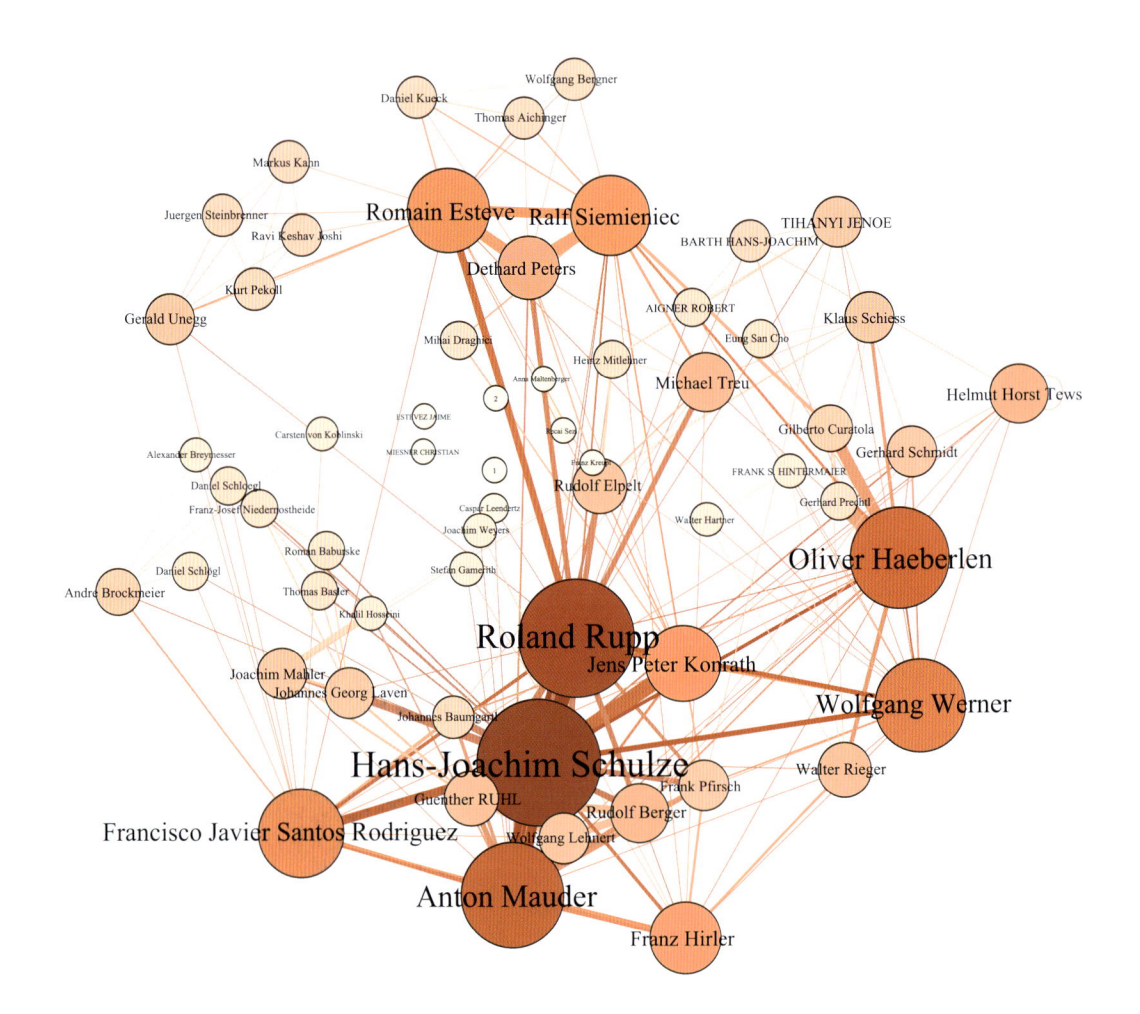

图5-3-5　英飞凌主要发明人研发合作示意图

（正文说明见第69～70页）

编委会

主　任： 贺　化

副主任： 郑慧芬　雷春海

编　委： 夏国红　白剑锋　刘　稚　于坤山

　　　　　郁惠民　杨春颖　张小凤　孙　琨

前　言

2018年是我国改革开放40周年，也是《国家知识产权战略纲要》实施10周年。在习近平新时代中国特色社会主义思想的引领下，为全面贯彻习近平总书记关于知识产权工作的重要指示和党中央、国务院决策部署，努力提升专利创造质量、保护效果、运用效益和管理水平，国家知识产权局继续组织开展专利分析普及推广项目，围绕国家重点产业的核心需求开展研究，为推动产业高质量发展提供有力支撑。

十年历程，项目在力践"普及方法、培育市场、服务创新"宗旨的道路上铸就品牌的广泛影响力。为了秉承"源于产业、依靠产业、推动产业"的工作原则，更好地服务产业创新发展，2018年项目再求新突破，首次对外公开申报，引导和鼓励具备相应研究能力的社会力量承担研究工作，得到了社会各界力量的积极支持与响应。经过严格的立项审批程序，最终选定13个产业开展研究，来自这些产业领域的企业、科研院所、产业联盟等25家单位或单独或联合承担了具体研究工作。组织近200名研究人员，历时6个月，圆满完成了各项研究任务，形成一批高价值的研究成果。项目以示范引领为导向，最终择优选取6项课题报告继续以《产业专利分析报告》（第65~70册）系列丛书的形式出版。这6项报告所涉及的产业包括新一代人工智能、区块链、第三代半导体、人工智能关键技术之计算机视觉和自然语言处理、高技术船舶、空间机器人，均属于我国科技创新和经济转型的核心产业。

方法创新是项目的生命力所在，2018年项目在加强方法创新的基础上，进一步深化了关键技术专利布局策略、专利申请人特点、专利产品保护特点、专利地图等多个方面的研究。例如，新一代人工智能课题组首次将数学建模和大数据分析方式引入专利分析，构建了动态的地域-技术热度混合专利地图；第三代半导体课题组对英飞凌公司的专利布局及运用策略进行了深入分析；区块链课题组尝试了以应用场景为切入点对涉及的关键技术进行了全面梳理。

项目持续稳定的发展离不开社会各界的大力支持。2018年来自社会各界的近百名行业技术专家多次指导课题工作，为课题顺利开展作出了贡献。各省知识产权局、各行业协会、产业联盟等在课题开展过程中给予了极大的支持。《产业专利分析报告》（第65～70册）凝聚社会各界智慧，旨在服务产业发展。希望各地方政府、各相关行业、相关企业以及科研院所能够充分发掘《产业专利分析报告》的应用价值，为专利信息利用提供工作指引，为行业政策研究提供有益参考，为行业技术创新提供有效支撑。

由于《产业专利分析报告》中专利文献的数据采集范围和专利分析工具的限制，加之研究人员水平有限，其中的数据、结论和建议仅供社会各界借鉴研究。

《产业专利分析报告》丛书编委会
2019年5月

项目联系人

孙 琨：62086193/13811628852/sunkun@cnipa.gov.cn

第三代半导体产业专利分析课题研究团队

一、项目指导

国家知识产权局：贺　化　郑慧芬　雷春海

二、项目管理

国家知识产权局专利局：张小凤　孙　琨　王　涛

三、课题组

承 担 单 位：北京华创智道知识产权咨询服务有限公司
　　　　　　北京第三代半导体产业技术创新战略联盟

课题负责人：于坤山

课题组组长：汪　勇

统　稿　人：汪　勇　于坤山

主要执笔人：汪　勇　郝玉蕾　杨玮明　伯　梅　许肖丽　郭　帅
　　　　　　陈　栋

课题组成员：郝玉蕾　许肖丽　郭　帅　陈　栋　杨玮明　伯　梅
　　　　　　杨兰芳　赵璐冰　陈　晨　唐翔宇　张　巍　李海燕
　　　　　　李　娟

四、研究分工

数据检索：郝玉蕾　许肖丽　郭　帅　陈　栋

数据清理：郝玉蕾　许肖丽　郭　帅　陈　栋

数据标引：陈　栋　赵璐冰　唐翔宇　张　巍

图表制作：郝玉蕾　陈　晨

报告执笔：汪　勇　郝玉蕾　许肖丽　郭　帅　陈　栋　杨玮明
　　　　　伯　梅　杨兰芳　赵璐冰　陈　晨　唐翔宇　张　巍
　　　　　李海燕　李　娟

报告统稿：汪　勇

报告编辑：郝玉蕾

报告审校：于坤山　杨兰芳

五、报告撰稿

于坤山：主要执笔第 1 章第 1~2 节，参与执笔第 3 章、第 4 章、第 5 章、第 6 章、第 7 章、第 8 章、第 11 章、第 12 章

汪　勇：主要执笔第 1 章第 3 节、第 10 章、第 11 章、第 12 章，参与执笔第 5 章、第 6 章、第 7 章、第 8 章、第 9 章

郝玉蕾：主要执笔第 2 章、第 3 章、第 4 章，参与执笔第 1 章、第 5 章、第 6 章、第 7 章、第 8 章

杨玮明：主要执笔第 5 章、第 6 章，参与执笔第 7 章、第 8 章

伯　梅：主要执笔第 7 章、第 8 章，参与执笔 2 章、第 3 章、第 4 章

许肖丽：主要执笔第 9 章，参与执笔第 2 章、第 3 章、第 4 章、第 7 章、第 8 章

郭　帅：主要执笔第 10 章，参与执笔第 1 章、第 3 章、第 4 章、第 7 章、第 11 章

陈　栋：主要执笔第 1 章，参与执笔第 1 章、第 5 章、第 6 章、第 7 章、第 9 章

杨兰芳：参与执笔第 4 章、第 5 章、第 6 章、第 7 章、第 8 章、第 12 章

赵潞冰：参与执笔第 5 章、第 6 章、第 7 章、第 8 章

陈　晨：参与执笔第 6 章

唐翔宇：参与执笔第 7 章

张　巍：参与执笔第 8 章

李海燕：参与执笔第 9 章

李　娟：参与执笔第 10 章

六、指导专家

行业专家（排序不分先后）

吴　玲　第三代半导体产业技术创新战略联盟

邱宇峰　全球能源互联网研究院

范玉钵　厦门华联电子股份有限公司

技术专家（排序不分先后）

沈　波　北京大学

盛　况　浙江大学

徐现刚　山东大学

蔡树军	中国电子科技集团公司第十三研究所
柏　松	中国电子科技集团公司第五十五研究所
史训清	香港应用科技研究院
孙国胜	东莞市天域半导体科技有限公司
张乃千	苏州能讯高能半导体有限公司
李钦泉	广东德豪润达电气股份有限公司
杨　健	三安光电股份有限公司
郑清超	河北同光晶体有限公司
陈　彤	泰科天润半导体科技（北京）有限公司

专利分析专家

张小凤	国家知识产权局专利局审查业务管理部
孙　琨	国家知识产权局专利局审查业务管理部

七、合作单位（排序不分先后）

北京大学、深圳第三代半导体研究院、中国电子科技集团公司第十三研究所、中国电子科技集团公司第五十五研究所、中电科电子装备集团有限公司、香港应用科技研究院、全球能源互联网研究院、中兴通讯股份有限公司、三安光电股份有限公司、广东德豪润达电气股份有限公司、厦门华联电子股份有限公司、大连芯冠科技有限公司、东莞市天域半导体科技有限公司、河北同光晶体有限公司、苏州能讯高能半导体有限公司、泰科天润半导体科技（北京）有限公司、中科钢研节能科技有限公司、中微半导体设备（上海）股份有限公司

目 录

第1章 绪 论 / 1
  1.1 技术背景 / 1
  1.2 主要内容 / 1
    1.2.1 技术现状 / 1
    1.2.2 市场现状 / 4
    1.2.3 政策现状 / 5
  1.3 主要研究内容 / 8
    1.3.1 技术分解 / 8
    1.3.2 数据来源及检索策略 / 8
    1.3.3 查全查准验证 / 11
  1.4 相关约定 / 11
    1.4.1 专利分析术语 / 11
    1.4.2 技术术语 / 12

第2章 第三代半导体产业全球专利态势 / 14
  2.1 专利申请趋势 / 14
    2.1.1 碳化硅专利申请趋势 / 15
    2.1.2 氮化镓专利申请趋势 / 15
    2.1.3 其他材料专利申请趋势 / 16
  2.2 全球专利区域分布 / 17
    2.2.1 国家/地区分布 / 17
    2.2.2 专利流向分析 / 18
    2.2.3 在华分布情况 / 19
  2.3 主要申请人排名 / 22
    2.3.1 全球专利申请人排名 / 22
    2.3.2 在华专利申请人排名 / 23
  2.4 技术构成 / 26
    2.4.1 全球技术构成 / 26
    2.4.2 主要国家/地区技术构成对比 / 27

第3章 碳化硅关键技术专利分析 / 31
    3.1 碳化硅制备技术分析 / 31
    3.1.1 专利申请趋势 / 31
    3.1.2 主要国家/地区专利布局对比 / 32
    3.1.3 主要申请人分析 / 33
    3.1.4 单晶生长技术发展路线 / 33
    3.1.5 外延生长技术发展路线 / 36
    3.1.6 技术生命周期分析 / 37
    3.2 碳化硅器件技术分析 / 39
    3.2.1 专利申请趋势 / 39
    3.2.2 主要国家/地区专利布局对比 / 40
    3.2.3 主要申请人分析 / 41
    3.2.4 碳化硅IGBT技术发展路线 / 42
    3.2.5 技术生命周期分析 / 43
    3.3 碳化硅应用技术分析 / 44
    3.3.1 专利申请趋势 / 44
    3.3.2 主要国家专利布局对比 / 46
    3.3.3 主要申请人分析 / 46
    3.3.4 技术生命周期分析 / 47

第4章 氮化镓关键技术专利分析 / 49
    4.1 氮化镓制备技术分析 / 49
    4.1.1 专利申请趋势 / 49
    4.1.2 主要国家/地区专利布局对比 / 50
    4.1.3 主要申请人分析 / 52
    4.1.4 氮化镓技术发展路线 / 52
    4.1.5 技术生命周期分析 / 55
    4.2 氮化镓器件和应用技术分析 / 58
    4.2.1 专利申请趋势 / 58
    4.2.2 主要国家/地区专利布局对比 / 59
    4.2.3 主要申请人分析 / 61
    4.2.4 MicroLED技术发展路线 / 62
    4.2.5 技术生命周期分析 / 63

第5章 英飞凌专利布局及运用策略分析 / 65
    5.1 发展历程 / 65
    5.2 专利布局 / 66
    5.2.1 专利申请趋势 / 66
    5.2.2 专利区域布局 / 66

5.2.3　专利主题布局 / 67
　5.3　主要研发团队 / 68
　　5.3.1　研发团队总览 / 68
　　5.3.2　研发合作分析 / 69
　5.4　专利运用 / 70
　　5.4.1　专利运用图谱 / 70
　　5.4.2　专利运用策略 / 70

第6章　科锐专利布局及运用策略研究 / 73
　6.1　发展历程 / 73
　6.2　专利布局 / 73
　　6.2.1　专利申请趋势 / 73
　　6.2.2　专利区域布局 / 74
　　6.2.3　专利主题布局 / 74
　6.3　主要研发团队 / 75
　　6.3.1　研发团队总览 / 75
　　6.3.2　研发合作分析 / 76
　6.4　专利运用 / 78
　　6.4.1　专利运用图谱 / 78
　　6.4.2　专利运用策略 / 78

第7章　第三代半导体领域主要发明人分析 / 80
　7.1　发明人全景分析 / 80
　　7.1.1　全球主要发明人 / 80
　　7.1.2　技术分支主要发明人 / 83
　7.2　国外主要发明人 / 88
　　7.2.1　国外发明人 / 88
　　7.2.2　技术分支主要发明人 / 91

第8章　第三代半导体领域专利转让策略研究 / 95
　8.1　专利转让态势分析 / 95
　　8.1.1　专利转让趋势 / 95
　　8.1.2　专利转让主要区域 / 95
　　8.1.3　专利转让人排名 / 96
　　8.1.4　专利受让人 / 98
　　8.1.5　专利转让技术排名 / 102
　8.2　英飞凌专利转让案例分析 / 103

第9章　第三代半导体领域专利许可策略研究 / 105
　9.1　专利许可分析 / 105
　　9.1.1　专利许可趋势 / 105

9.1.2 专利许可人排名 / 105
9.1.3 专利被许可人 / 108
9.1.4 专利许可技术排名 / 110
9.2 科锐专利许可案例分析 / 110

第10章 第三代半导体领域专利诉讼策略研究 / 113
10.1 专利诉讼态势分析 / 113
10.1.1 专利诉讼主要国家/地区 / 113
10.1.2 专利诉讼人排名 / 113
10.1.3 专利诉讼技术排名 / 115
10.2 专利诉讼案例分析 / 116
10.2.1 科锐 vs. 旭明光电 / 116
10.2.2 威科 vs. 中微半导体 / 116
10.3 专利诉讼策略小结 / 119

第11章 美国政府资助项目知识产权产出机制研究 / 120
11.1 项目简介 / 120
11.2 美国政府资助项目专利产出机制 / 123
11.3 美国政府资助典型案例分析 / 128

第12章 主要结论和建议 / 132
12.1 主要结论 / 132
12.2 主要建议 / 133

附录 美国政府资助项目碳化硅领域主要专利 / 135
图索引 / 145
表索引 / 148

第1章 绪 论

1.1 技术背景

第三代半导体材料一般是指以碳化硅（SiC）、氮化镓（GaN）等宽禁带化合物为代表的新型半导体材料。由于其具有禁带宽大、击穿电场强度高、饱和电子迁移率高、热导率大、介电常数小、抗辐射能力强等优点，可广泛应用于新能源汽车、轨道交通、智能电网、半导体照明、新一代移动通信、消费类电子等领域，被视为支撑能源、交通、信息、国防等产业发展的核心技术，已成为国际半导体领域的重点研究方向之一。

大力发展第三代半导体材料，不仅能够促使其产业技术水平快速成熟，充分发挥这类半导体材料的特性，完成关键装备的升级换代，还能充分响应智能电网、轨道交通、新能源汽车、无线通信等应用领域井喷式爆发的应用需求；能带动包括第一代、第二代半导体材料在内的整个半导体产业的共同发展，为我国构建信息化社会和提高人民生活水平提供更有力的产业支撑。

1.2 主要内容

通过对第三代半导体产业进行专利数据分析，分析相关技术领域的专利申请趋势，研究全球及中国主要申请人的专利申请概况，对第三代半导体领域各技术分支的主要市场主体布局情况、专利技术路线、重点专利技术和专利技术未来发展趋势进行归纳总结，提出未来第三代半导体产业的专利布局、专利风险防控、专利价值实现以及提高产业竞争力等方面的对策和建议，为政府相关部门、产业协会、产业联盟以及重点企业更好地制定相关专利战略提供借鉴和参考。

第三代半导体材料是指Ⅲ族氮化物（如氮化镓、氮化铝（AlN）等）、碳化硅、氧化物半导体（如氧化锌（ZnO）、氧化镓（Ga_2O_3）、钙钛矿（$CaTiO_3$）等）和金刚石等宽禁带半导体材料。与前两代半导体材料相比，第三代半导体材料禁带宽度大，具有击穿电场高、热导率高、电子饱和速率高、抗辐射能力强等优越性质，因此，采用第三代半导体材料制备的半导体器件不仅能在更高的温度下稳定运行，而且在高电压、高频率状态下更为可靠。此外，还能以较少的功耗获得更高的运行能力。

1.2.1 技术现状

第三代半导体是近年来新兴的技术，主要聚焦于以碳化硅、氮化镓等宽禁带化合物为代表的半导体新材料。以Ⅲ族氮化物为例,氮化镓薄膜材料的研究始于20世纪60年代。1969年,Maruska等人采用氢化物气相沉积技术(Hydride Vapor Phase Epitaxy,HVPE)在蓝宝石上沉积出了较大面积的氮化镓薄膜。20世纪80年代后期,随着有机金属化学气相沉积法(Metal-organic Chemical Vapor Deposition,MOCVD)技术的发展,使得氮化镓的研究取得重要突破。通过引入异质外延缓冲层技术、双流MOCVD技术和p型掺杂技术等一系列关键的MOCVD生长技术,解决了在蓝宝石上生长出氮化镓薄膜材料和氮化镓的p型掺杂两大难题,从而为发展高性能Ⅲ族氮化物器件奠定了基础。材料的突破使得基于氮化物半导体的器件有了突飞猛进的发展。以蓝光LED的崛起为例,1973年,松下电器公司东京研究所的赤崎勇(Isamu Akasaki)最早开始了蓝光LED的研究。随后20世纪80年代,Akasaki和天野浩(Hiroshi Amano)在名古屋大学合作进行了蓝光LED的基础性研发,突破了晶体质量和掺杂等困扰多年的氮化物生长关键技术,于1989年首次成功研发了蓝光LED。当时任职于日亚化学工业公司中村修二(Shuji Nakamura),他的实用化研究让该公司于1993年首次推出商业化的LED照明成品,将蓝色发光二极管的亮度提升到最初的100倍,从而引发了照明技术革新,随即在国际上掀起了氮化镓器件研发的新高潮。以上3名科学家因发现新型节能光源获得2014年度诺贝尔物理学奖。

在氮化镓衬底材料方面,住友电工、日立电线、古河机械金属和三菱化学等日本公司已可以出售标准2~3英寸HVPE制备的氮化镓衬底,具备4英寸衬底(位错密度$10^6/cm^2$)的小批量供应能力。在外延材料方面,美国Nitronex、德国Azzuro和日本企业开始提供6英寸制备600V以上电力电子器件的Si上氮化镓外延材料。碳化硅衬底的射频微波功率用氮化镓高电子迁移率晶体管(HEMT)外延片已实现产业化。在氮化镓电力电子器件方面,目前已推出耐压650V及以下系列Si基氮化镓功率器件,主要应用于服务器电源(PFC)、车载充电、光伏逆变器等。2016年3月,美国Navitas公司推出650V单片集成氮化镓功率场效应晶体管(FET),以及氮化镓逻辑和驱动电路。当年8月,美国Dialog公司(由台积电代工)推出了针对电源适配器的氮化镓IC方案。在氮化镓微波射频器件方面,目前主要用于远距离信号传输和高功率级别,如雷达、移动基站、卫星通信、电子战等。美国、日本等十几家公司均推出了氮化镓射频功率器件产品。在氮化镓光电器件方面,产业化LED光效水平达到176lm/W以上。东芝、三星等多家公司均推出了大尺寸Si衬底上产业化大功率氮化镓LED芯片产品,光效达到130~140lm/W。另外,3.75W蓝光和1W绿光激光器已有销售,342nm紫外激光器实现脉冲激射,但尚不能实现应用。在紫外探测器方面,普通非增益探测器量子效率超过60%,并可以批量应用于民用产品,增益可见光盲氮化镓雪崩光电二极管(APD)已经报道了单光子探测。

另一种第三代半导体材料碳化硅的发展历史则相对"悠久"一些。碳化硅在大自然以莫桑石(Moissanite)这种稀罕的矿物形式存在。1893年,法国莫瓦桑(Henri Moissan)在研究来自美国亚利桑那州的代亚布罗峡谷陨石样品时发现了罕见的在自然条件下存在的碳化硅矿石。莫瓦桑也通过几种方法合成了碳化硅,包括用熔融的单质硅熔解单质碳、将碳化硅和硅石的混合物熔化和在电炉中用单质碳还原硅石的方法。

碳化硅单晶生长从20世纪70年代末至90年代初,随晶体生长技术有所突破,单晶直径从90年代初小于1英寸发展到现在的6英寸,这个过程仅用了20年左右的时间。不到10年的时间里,将微管密度从100 cm^{-2}降低到0.1 cm^{-2},穿透型螺位错和基平面位错密度控制在10²cm^{-2}量级。作为微电子和光电子器件衬底的碳化硅单晶也需要像硅晶圆一样,通过扩大衬底尺寸来降低器件成本和扩大产业规模。碳化硅功率器件制造的快速发展得益于碳化硅偏晶向衬底上外延生长技术——台阶流动控制外延(Step-controlled Epitaxy)、原位掺杂技术以及表面缺陷控制技术的成功实现。

在碳化硅衬底材料方面,国际主流产品逐渐由4英寸向6英寸过渡,并开始研发和生产8英寸衬底。4英寸零微管的4H-SiC单晶衬底已商业化,6英寸产品的微管密度在5个/cm²以下。科锐公司(Wolfspeed)4英寸基片的穿透型螺位错密度降至447个/cm²,基平面位错密度为56个/cm²;6英寸基片的穿透型螺位错密度为230个/cm²,基平面位错密度为112个/cm²。在碳化硅外延材料方面,国际上6英寸外延片已经产业化,外延速率最高可以达到170μm/h,100μm以上的高厚度外延片缺陷密度低于0.1/cm²。在碳化硅器件方面,国际上碳化硅肖特基二极管(SBD)、金属氧化物半导体场效应晶体管(MOSFET)等均已实现量产,产品耐压范围600~1700V,单芯片电流超过50A,并开发出了1200V/300A、1700V/225A的全碳化硅功率模块产品;实验室开发了10000~15000V/10~20A的碳化硅MOSFET;并研发出了IGBT芯片样品,最高耐压水平已经超过20 kV量级。

应用方面,碳化硅器件正在渗透以电动汽车、消费类电子、新能源、轨道交通等为代表的民用领域。在电动汽车领域,三菱电机公司在逆变器中采用碳化硅二极管和晶体管,开发出世界上最小的电动汽车马达;2015年,丰田推出了基于碳化硅MOSFET的凯美瑞碳化硅试验车,逆变器开关损耗降低70%。在消费类电子领域,日本多家空调厂商均计划在近期推出采用碳化硅器件的空调变频驱动器,大幅提升空调效率,减小变频器体积。在新能源领域,科锐公司的碳化硅器件已经应用于开发光伏逆变器和风电变流器;日本富士开发了1MW的碳化硅光伏发电系统;安川电机和三菱电机分别推出采用氮化镓和碳化硅电力电子模块的光伏逆变器,转换效率均达到98%。在轨道交通领域,东京地铁银座线的新"01系列车"采用三菱电机的碳化硅逆变器,使系统的电力损失减少30%以上。在国防领域,美国采用10kV/120A的碳化硅MOSFET功率模块开发了1MVA的电力电子变压器,并开发了基于碳化硅器件的2.7MVA的固态功率变电站。该固态功率变电站可能将被应用于美国下一代航空母舰CVN-21的配电系统中。美国GE公司采用碳化硅器件开发了75kW逆变器,用于航空航天电源系统。

氧化锌是宽禁带氧化物半导体材料的代表,也是Ⅱ~Ⅵ族宽禁带半导体的代表。古罗马人早在公元前200年就学会用铜和含氧化锌的锌矿石来制作黄铜(铜和锌的合金)。虽然氧化锌的历史非常悠久,但是其作为半导体材料却只有40多年的时间。1972年,人们在氧化锌半导体中观察到了电泵浦受激发射现象,但是实现这一过程非常困难,所以并未得到更多的重视。20世纪90年代之前,与氧化锌同为Ⅱ~Ⅵ族半导体的硒化锌(ZnSe)一直是蓝绿光发光器件的优选材料,但是材料质量一直无法提高使其在与氮化镓材料的竞争中败下阵来。与此同时，与氮化镓结构和性能非常接近的氧化锌材料得到人们的广泛关注，而且随着分子束外延法（Molecular Beam Epitrxg，MBE）、MOCVD 和脉冲激光沉积（PLD）等材料生长技术的进步，氧化锌材料的质量显著提高，并且光和电泵浦的氧化锌室温激射已被相当多的研究组所报道。这使得氧化锌在紫外光电子器件方面具有很好的应用前景。但氧化锌的光电子器件应用依然面临着巨大的技术困难，其中，高质量氧化锌的 p 型掺杂是最主要的技术难点，也是目前制约氧化锌半导体材料进一步发展的主要障碍。

金刚石的发现有几千年的历史，但是其作为半导体材料却是近几十年的事情。1952 年，人们发现含硼原子的金刚石具有 p 型半导体的导电性能。1982 年和 1987 年，首支天然金刚石晶体管和点接触高压高温金刚石晶体管分别被研制成功。两年后，由于化学气相沉积（CVD）技术的发展，首支薄膜型场效应晶体管研制成功。1997 年，金刚石的 n 型磷掺杂也获得成功。尽管金刚石材料在早期获得了很大的进展，但是其半导体器件性能一直不理想。其主要原因是金刚石中的受主和施主能级都很深，要实现高性能的金刚石器件，单晶金刚石的制备和导电性能的控制都非常重要。❶

1.2.2 市场现状

2017 年，碳化硅、氮化镓在电力电子器件市场规模合计达 2.9 亿~3.3 亿美元，意味着 2017 年第三代半导体电力电子器件的市场占有率已经达到 2.2%~2.5%，在 2020 年将超过 10 亿美元，并将于 2025 年达到 37 亿美元。

据 HIS Markit 数据，2017 年包括功率分立器件、功率模组以及功率 IC 等产品在内的全球整体功率半导体市场销售额。而 Yole 数据则显示，2017 年功率半导体市场规模为 280 亿~300 亿美元。2017 年碳化硅、氮化镓在电力电子市场渗透显著加快。初步估计，2017 年碳化硅电力电子市场规模在 2.7 亿~3.1 亿美元，而氮化镓电力电子的市场规模约为 2195 万美元。两者合计达 2.72 亿~3.12 亿美元，意味着 2017 年第三代半导体电力电子器件的市场占有率已经达到 2.2%~2.5%。

碳化硅、氮化镓在电力电子市场的前景仍然看好。Yole 预计到 2022 年，碳化硅器件整体市场规模将增长至 10 亿美元以上，2022 年以后市场增长速度将进一步加快，2020~2022 年的复合年增长率（CAGR）可达 40%。氮化镓功率半导体也已开始进入市场，Yole 预测氮化镓功率器件市场将在 2022 年达到超过 4.5 亿美元的规模，复合年增长率将超过 80%。而 IHS 的报告预估全球碳化硅与氮化镓功率半导体产值，在 2020 年将成长至 10 多亿美元，并将于 2025 年达到 37 亿美元。

根据 Yole 的数据，经过 2015~2016 年的缓慢发展，全球射频功率器件市场（单个器件平均功率大于 3W）在 2016~2022 年将以 9.8% 的复合年增长率快速增长。市场规模有望从 2016 年的 15 亿美元增长到 2022 年的 25 亿美元。快速增长的原因主要来源于 5G 基站的更新换代以及设备小型化的巨大需求。

---

❶ 郑有炓，吴玲，沈波等. 第三代半导体材料 [M]. 北京：中国铁道出版社，2017：3-5.

2017年，氮化镓射频市场规模为3.5亿~4亿美元，在整个微波射频市场的渗透率超过20%。氮化镓在基站、雷达和航空应用中，正逐步取代横向扩散金属氧化物半导体（Laterally Diffused Metal Oxide Semiconductor，LDMOS）。随着数据通信、更高运行频率和带宽的要求日益增长，氮化镓在基站和无线回程中的应用持续攀升。在未来的网络设计中，针对载波聚合和大规模输入输出（MIMO）等新技术，氮化镓将凭借其高效率和高宽带性能，相比现有的LDMOS处于更有利的位置。

未来5~10年内，Yole预计氮化镓将逐步取代LDMOS，并逐渐成为3W RF功率应用的主流技术。而砷化镓（GaAs）将凭借其得到市场验证的可靠性和性价比，将确保其稳定的市场份额。LDMOS的市场份额则会逐步下降，预测期内将降至整体市场规模的15%左右。2022年，氮化镓RF器件的市场营收预计将达到11亿美元，约占整个RF功率市场的45%。❶

1.2.3 政策现状

1.2.3.1 国外发展情况

美国、欧盟、英国、德国、日本等国家或组织加大研发项目部署力度。如表1-2-1所示，据第三代半导体产业技术创新战略联盟（CASA）不完全统计，2017年，美国、

表1-2-1　2017年各国/组织第三代半导体领域的研发项目部署和标准进展

地区/组织	主体	项目	金额	简介
美国	美国商务部	先进制造技术AMTech项目《美国电力电子技术与制造路线图》	—	美国电力电子工业协作组织（PEIC）编制并发布报告，分析了美国本土先进功率电子领域正发展的重要技术和市场趋势，明确了所面临的制造挑战，并提出可充分利用这些技术优势和趋势的重要策略性建议和步骤
	美国陆军研究实验室传感器与电子器件部（SEDD）	功率半导体先进封装（APPS）II项目	1亿美元	目标是寻求高功率应用的先进半导体器件的多芯片封装技术，并展现先进模块设计。该项目未来3年将形成4个合同，每个合同约2500万美元
	美国能源部先期研究计划局（ARPA-E）	CIRCUITS计划	3000万美元	该计划聚焦新型电路拓扑结构和系统设计，最大化WBG器件的性能
	美国导弹防御局	"萨德之眼"项目	1000万美元	继续推进"萨德之眼"AN/TPY-2弹道导弹防御雷达从砷化镓到氮化镓的升级
	美国陆军坦克车研究、发展和工程中心（TARDEC）	碳化硅在下一代地面车辆功率系统中的应用	410万美元	TARDEC第三次授予GE航空该项目，目标是在一个200kW起动器发电机控制器（ISGC）中展示GE的SiC MOSFET的技术优势

---

❶ 第三代半导体产业技术创新战略联盟. 第三代半导体产业发展报告（2017）[R]. 北京：第三代半导体产业技术创新战略联盟，2017：3-15.

续表

地区/组织	主体	项目	金额	简介
欧盟	欧盟	GaNonCMOS 项目	742.8885 万欧元	项目为期4年，目标是通过提供至今集成度最高的材料，使氮化镓功率电子材料、器件和系统到达另外一个成熟度
	欧盟机构	CHALLENGE 项目	800 万欧元	7个国家的14个机构参与，项目为期4年，聚焦提升商用领域600~1200V碳化硅器件的功率效率
英国	英国工程和物理科学研究委员会（EPSRC）	金刚石基氮化镓微波技术的项目	430 万英镑	支持布里斯托尔大学研发能满足未来高功率射频和微波通信的下一代氮化镓技术
	英国卡迪夫大学创新学院的化合物半导体研究所	—	4230 万英镑	1300万英镑建造和运营一个超净间和相关设备购买，英国研究合作投资基金和威尔士政府还将为此分别投入1730万英镑和1200万英镑来帮助建立更多ICS基础设施，以推动南威尔士成为全球化合物半导体专业领域的中心
德国	德国联邦教育和科研部（BMBF）	德国微电子研究代工厂	3.5 亿欧元	聚焦于四个与未来相关的技术领域：硅基技术，化合物半导体和特殊衬底，异质集成，设计、测试和可靠性
澳大利亚	创新制造合作研发中心（IM-CRC）	—	60 万美元	IMCRC资助部分经费，BluGlass公司与格里菲斯大学合作共同开展一项为期2年项目，研发基于SiC-on-Si的常闭型氮化镓高电子迁移率晶体管
日本	防务省	安全创新科技计划	—	在该计划支持下富士通公司在金刚石和碳化硅衬底散热技术方面取得进展
JEDEC	固态技术协会	JC-70宽禁带功率电子转换半导体委员会	—	JEDEC成立JC-70宽禁带功率电子转换半导体委员会，初期包括氮化镓和碳化硅两个小组委员会，重点关注可靠性和认证程序、数据表元素和参数以及测试和表征方法

资料来源：CASA整理。

德国、英国、欧盟等国家或组织启动了至少12个研发计划和项目,支持方向更加侧重在器件、封装领域;官、产、学、研多方联合研发是重要组织方式之一。与此同时,国际上宽禁带相关标准制定工作开始启动。2017年9月,固态技术协会(JEDEC)宣布组建JC-70宽禁带功率电子转换半导体委员会,初期包括氮化镓和碳化硅两个小组委员会,重点关注可靠性和认证程序、数据表元素和参数以及测试和表征方法。此前制造商主要参考JEDEC为硅产品制定的测试标准,上述委员会的成立,将使得氮化镓和碳化硅技术从开发相关标准中获益。

1.2.3.2 国内发展情况

近几年,我国从中央到地方均出台相关政策,以需求为导向,加大对第三代半导体材料及产业化应用的支持力度。如表1-2-2所示,在中央层面,科学技术部、

表1-2-2 2017年国内第三代半导体领域相关政策措施

颁布时间	颁布机构	名称	内容
2017/4/14	科学技术部	《"十三五"材料领域科技创新专项规划》	在总体目标、指标体系、发展重点等各方面均提出要大力发展第三代半导体材料
2017/4/14		《"十三五"先进制造技术领域科技创新专项规划》	从先进制造角度对宽禁带半导体/半导体照明等的关键装备研究提出要求
2017/9/5	工业和信息化部、国家开发银行	《关于组织开展2017年工业强基工程重点产品、工艺"一条龙"应用计划工作的通知》	提出以城市轨道交通应用为源头,实现3.3kV和6.5kV高频高压混合碳化硅IGBT及碳化硅MOSFET器件、驱动和变流装置的技术突破
2017/11/28	国家发展和改革委员会	《增强制造业核心竞争力三年行动计划(2018—2020年)》	提出要重点发展照明用第三代半导体材料、LED照明芯片等先进半导体材料及产等
2017/7/28		《半导体照明产业"十三五"发展规划》	从创新引领、需求带动、质量监管、国际合作、协调管理等方面,提出"十三五"期间我国半导体照明发展目标和具体措施
2017/5/2	科学技术部、交通运输部	《"十三五"交通领域科技创新专项规划》	提出开展汽车整车、动力系统、底盘电子控制系统以及IGBT、碳化硅、氮化镓等电力电子器件技术研发及产品开发和零部件、系统的软硬件测试技术研究与测试评价技术规范体系研究

资料来源:CASA整理。

工业和信息化部、国家发展和改革委员会、交通运输部等多部委从材料强国、先进制造、汽车和轨道交通应用需求等角度，对第三代半导体技术创新和产业化提出发展目标和具体要求。2017年2月，国家新材料产业发展专家咨询委员会成立，作为战略性新兴产业和实现节能减排的重要抓手，第三代半导体技术和产业受到了中央政府、各地方政府和企业的高度重视。2016年，国务院印发《"十三五"国家科技创新规划》，启动一批面向2030年的重大项目，第三代半导体被列为国家科技创新2030重大项目"重点新材料研发及应用"重要方向之一，并有望于2018年内启动。

从地方政策来看，2017年各地共出台62条政策（含LED相关政策）。从政策分布区域看，主要集中在北京、江苏、广东等地，预计未来3～5年内，国内第三代半导体产业将形成几个集聚区，分别是京津冀、长三角、珠三角和闽三角。这四大区域均在政策方面进行超前部署，产业发展呈现迅猛势头。从政策内容看，在地方政府的"十三五规划""重点研发计划""科技创新规划"中涉及第三代半导体条款的政策达30条，抢先部署是地方政策的主基调。地方政府更加注重第三代半导体产业对当地经济结构调整、产业转型升级的促进作用，并注重对当地优势产业环节和优势企业的扶持。

随着政策引导效应逐步显现，我国第三代半导体产业将迎来发展新时机。在国家全面推行"中国智造"大背景下，人工智能、新能源汽车、5G通信等越来越受到重视，第三代半导体材料受益于这些产业的发展，将迈进发展快车道。

1.3 主要研究内容

1.3.1 技术分解

技术分解总体原则：尊重产业技术习惯，利于分类检索；所划分的各个技术分支总体上不重叠。对于下游应用而言，涉及的领域较广，难以将所属产业与IPC分类精确对应，但是应用主要由功能器件起主要作用，故在应用划分上不突出具体产业，而是凸出所起作用的器件。如表1-3-1所示，第三代半导体最突出的特征是材料的变革，因此一级技术分支按照典型的材料进行分类。目前产业化进度最快的是碳化硅和氮化镓材料的半导体技术，其他宽禁带化合物材料半导体的产业化进程稍稍落后，基于产业发展需求和研究方便确定了目前的分类。针对二级技术分支，根据整个产业上下游关系以及功能不同将整个产业分为制备技术和器件及应用两部分。针对三级及四级技术分支，根据二级技术分支中每个部分采用不同的技术以及应用继续进行细分。

1.3.2 数据来源及检索策略

1.3.2.1 数据范围

（1）专利文献来源

文献范围主要包括112个国家或组织的专利文献，时间范围则是包括1927年至今的文献。检索数据库为DWPI（Derwent World Patents Index，德温特世界专利索引数据库）。

（2）非专利文献来源

CJFD(China Journal Full-Text DATABASE,中国期刊全文数据库)。

表1-3-1 第三代半导体技术分解

一级分支	二级分支	三级分支	四级分支
第三代半导体	碳化硅	制备技术	单晶生长技术	Lely法
			高温CVD法
			溶液法
		衬底加工技术	整形粗加工
			切片
			研磨
			抛光/化学机械抛光
		外延生长技术	溅射法
			激光烧结法
			液相外延法
			化学气相沉积法
			分子束外延法
		器件工艺	掺杂
			金属化技术
			图形刻蚀
		封装	—
		器件	功率半导体器件	肖特基二极管
			PIN二极管
			MOSFET
			结型场效应晶体管
			双极结型晶体管
			绝缘栅双极型晶体管
			晶闸管
		光电探测器	—
		传感器	压力传感器
			气敏传感器
	应用	电力电子	充电桩
			电源转换

续表

一级分支	二级分支	三级分支	四级分支
第三代半导体	氮化镓	制备技术	蓝宝石异质衬底技术	—
			Ⅲ族氮化物同质衬底技术	—
			外延生长技术	MOCVD
				HVPE
				MBE
		封装	—
		器件及应用	光电子	蓝光、白光 LED 及半导体照明
				Micro LED
				激光器 LD
				紫外光 LED
				光电探测器
			微波射频	—
			电力电子（主要是功率开关器件例如 HEMT）	—
	金属氧化物	氧化锌	—	—
		IGZO	—	—
		氧化镓	—	—
		钙钛矿	—	—

Elsevier Science：包括 1600 多种学术期刊，包括数学、物理、生命科学、化学、计算机、临床医学、环境科学、材料科学、航空航天、工程与能源技术、地球科学、天文学、经济学、商业管理、社会科学等学科。

EI：Engineering Village 平台上的十多个数据库涵盖了工程、应用科学相关的最广泛的领域，内容来源包括学术文献、商业出版物、发明专利、会议论文和技术报告等；其中，Compendex 就是美国工程索引 Engineering Index 数据库，是全世界最早的工程文摘来源。Compendex 是科学和技术工程研究方面最全面的文摘数据库，涉足 190 个工程学科，囊括了 1969 年至今的 1130 多万份文摘记录。

（3）法律状态查询

中文法律状态数据来自 CPRS 数据库。

(4) 引用频次查询

引文数据来自 DII(Derwent Innovations Index) 数据库[1]。

(5) 诉讼专利来源

诉讼相关数据来自 Westlaw 数据库。Westlaw 数据库内容主要包括：判例、法律法规、法学期刊、法学专著、教材、词典和百科全书、新闻、公司和商业信息。

1.3.2.2 检索策略

由于涉及半导体的申请在 IPC 分类中均有 H 部的分类号，因此使用 IPC 分类中的 H01L——半导体器件的分类号进行总体范围限定。涉及材料的检索不使用关键词而使用分类号进行限定，即同时具有 C 部分类和 H01L 分类的文献；每个三级分支内的文献数量均为各个技术组成数量的合集。

文献范围主要包括 112 个国家或组织的专利文献，专利文献收录时间范围则是 1927 年至今的文献，检索截止日期是 2018 年 10 月 30 日。

1.3.3 查全查准验证

通过对各技术分支的数据查全率、查准率进行验证，以判断是否要终止检索过程，主要是保证数据查全率，使检索过程可靠。在数据去噪结束时，进行各技术分支的数据查全率、查准率验证，保证数据查准率。

查全率的评估方法是：①选择一名重要申请人，一般为该技术领域申请量排名前十的申请人或者产业内普遍认可的重要申请人，以该申请人为入口检索其全部申请，通过人工确认其在本技术领域的申请文献量形成母样本。对于所选择的该申请人，需要注意：(a) 该申请人是否有多个名称；(b) 该申请人是否兼并收购或者被兼并收购；(c) 该申请人是否有子公司或者分公司；②在检索结果数据库中以该申请人为入口检索其申请文献量形成子样本；③以子样本/母样本×100% = 查全率。

查准率的评估方法是：①在结果数据库中随机选取一定数量的专利文献作为母样本；②对母样本中的每篇专利文献进行阅读确定其与技术主题的相关性，和技术主题高度相关的专利文献形成子样本；③以子样本/母样本×100% = 查准率。

经过查全查准验证，本报告技术边界范围内的专利数据的查全率为 91%，查准率为 93%，符合研究要求。

1.4 相关约定

此处对本报告中出现的约定事项和技术术语一并给出解释。

1.4.1 专利分析术语

项：同一项发明可能在多个国家/地区提出专利申请，DWPI 数据库将这些相关的

---

[1] 参见：http://apps.webofknowledge.com/.

多件申请作为一条记录收录。在进行专利申请数量统计时,对于数据库中以一族(这里的"族"指的是同族专利中的"族")数据的形式出现的一系列专利文献,计算为"1 项"。一般情况下,专利申请的项数对应于技术的数目。

件:在进行专利申请数量统计时,例如为了分析申请人在不同国家、地区或组织所提出的专利申请的分布情况,将同族专利申请分开进行统计,所得到的结果对应于申请的件数。1 项专利申请可能对应于 1 件或多件专利申请。

专利被引频次:是指专利文献被在后申请的其他专利文献引用的次数。

同族专利:同一项发明创造在多个国家或地区申请专利而产生的一组内容相同或基本相同的专利文献出版物,被称为一个专利族或同族专利。从技术角度来看,属于同一专利族的多件专利申请可视为同一项技术。在本报告中,针对技术和专利技术原创国分析时,对同族专利进行了合并统计,针对专利在国家/地区的公开情况进行分析时,各件专利进行了单独统计。

同族数量:一件专利同时在多个国家/地区的专利局申请专利的数量。

诉讼专利:涉及诉讼的专利。

技术发展路线关键节点:在该领域具有一定开创性的专利申请,此类申请的申请人一般主要为研究机构或者主要申请人。

主要申请人的主要产品专利:申请量排名靠前的申请人针对主要产品申请的专利。

重要技术首次申请:业界公认的一些重要技术首次提出的专利申请。这些专利申请应当具备以下特征之一:①涉及新的技术领域或者扩展了原有的技术领域,对于同一申请人来说,他的某件专利相对之前的专利申请出现新的主分类号或副分类号;②权利要求保护范围较大并获得授权;③主要申请人或主要发明人的最新专利申请。

全球申请:申请人在全球范围内的各专利局的专利申请。

在华申请:申请人在中国国家知识产权局的专利申请。

多边申请:指同一项专利申请同时向美国专利商标局、欧洲专利局、中国国家知识产权局、日本特许厅、韩国知识产权局中的任意三个局提交了专利申请。

国内申请:中国申请人在中国国家知识产权局的专利申请。

国外来华申请:外国申请人在中国国家知识产权局的专利申请。

平均被引次数:专利被他人引用总次数除以被引用专利件数。

平均自引次数:自己引用总次数除以被引用专利件数。

国别归属规定:国别根据专利申请人的国籍予以确定,其中俄罗斯的数据包含苏联数据,德国的数据包括德意志民主共和国、德意志联邦共和国数据,中国的数据不包含台湾省数据。

日期规定:依照最早优先权日确定每年的专利数量,无优先权日以申请日为准。

1.4.2 技术术语

如表 1-4-1 所示,第三代半导体领域相关技术术语大量采用英文缩写,本报告根据产业惯例对英文缩写术语统一规定。

表 1-4-1　第三代半导体领域常用技术术语

缩写	中文	英文
HEMT	高电子迁移率晶体管	High Electron Mobility Transistor
SBD	肖特基势垒二极管	Schottky Barrier Diode
FET	场效应晶体管	Field Effect Transistor
IGBT	绝缘栅双极型晶体管	Insulated Gate Bipolar Transistor
APD	雪崩光电探测器	Avalanche Photo Detector
BJT	双极结型晶体管	Bipolar Junction Transistor
CVD	化学气相沉积	Chemical Vapor Deposition
LPE	液相外延	Liquid Phase Epitaxy
MBE	分子束外延	Molecular Beam Epitaxy

第 2 章　第三代半导体产业全球专利态势

为了解第三代半导体产业专利申请的整体态势，本章重点研究了全球第三代半导体产业的专利申请趋势、主要国家/地区专利分布、主要申请人排名以及技术构成情况。因第三代半导体主要的应用和市场均集中于碳化硅和氮化镓，涉及金属氧化物的应用较少，因此本章以二者为主要研究对象

2.1　专利申请趋势

图 2-1-1 示出了第三代半导体材料在全球、美国和中国专利申请的发展趋势。可以看出，全球、美国和中国的第三代半导体专利申请量总体呈现不断增长的态势。

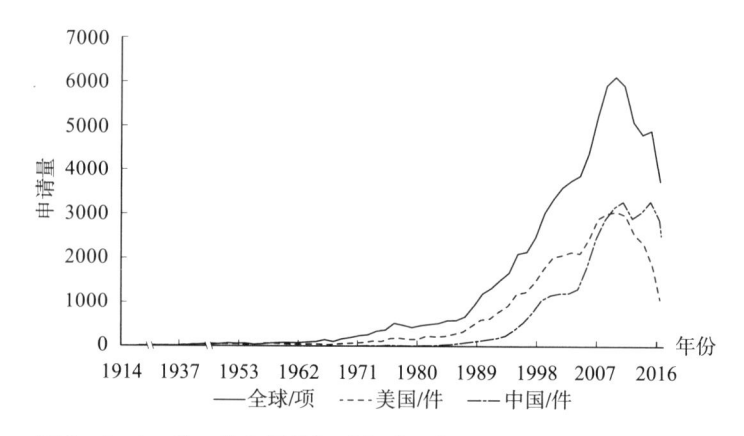

图 2-1-1　第三代半导体领域全球、美国、中国专利申请量趋势

20 世纪初全球开始出现专利申请，20 世纪 90 年代前全球申请量增长缓慢，直至 20 世纪 90 年代后期大幅上涨。美国和中国均呈现大幅上涨趋势，美国申请量一直领先中国。2013 年全球申请量爆发式增长，申请量突破了 6000 项，出现了最大年增长率。美国与全球发展趋势保持一致，申请量约 2800 件，中美两国申请量首次持平。中国的申请量爆发式增长时间则稍有延迟，2014 年出现了最大年增长率，申请量突破了 3000 件，中国年申请量第一次略高于美国。2014 年全球申请量开始下降，美国申请量也开始下降；2015 年中国申请量开始下降，中美两国申请量再次持平。2017 年全球、美国的申请量和中国的申请量下降的原因在于部分专利申请尚未公开。

2.1.1 碳化硅专利申请趋势

图 2-1-2 示出了碳化硅在全球、美国和中国专利申请的发展趋势。碳化硅的申请量在全球、美国和中国总体呈现不断增长的态势。

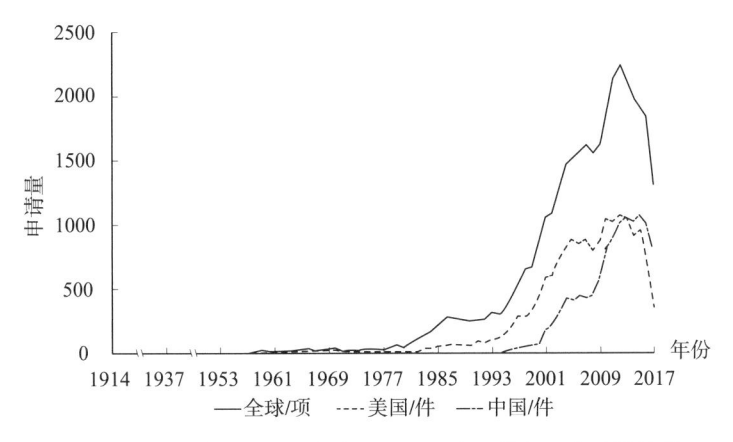

图 2-1-2 碳化硅领域全球、美国和中国的专利申请量趋势

20 世纪 50 年代中期开始出现关于碳化硅的申请。1980~1995 年全球申请量、美国申请量总体呈现缓慢增长；1996 年全球申请量、美国申请量开始飞速增长，中国逐步出现相关申请，美国申请量远远领先于中国申请量；2004 年，中美两国申请量差值达到最大；2007 年，全球、美国和中国的申请量均第一次出现了比较明显的小高峰；2009 年，全球、美国和中国的申请量开始高速增长；2013 年，全球申请量达到峰值约 2200 项，美国申请量同步达到峰值 1000 余件，中国申请量则在 2015 年达到峰值，且与美国最高申请量不相上下。2014 年，全球申请量、美国申请量开始下降，中国申请量首次与美国申请量持平并逐步领先。2017 年中国申请量下降，全球、美国和中国申请量下降的部分原因在于部分申请还没有公开。

2.1.2 氮化镓专利申请趋势

图 2-1-3 示出了氮化镓在全球、美国和中国的专利申请发展趋势。氮化镓的申请量在全球、美国和中国总体呈现不断增长的态势。

20 世纪 60 年代后期开始出现氮化镓的申请。1992 年前全球申请量增长缓慢，1993~2006 年持续高速增长，2008 年受全球经济危机影响，申请量首次出现明显下降，2009 年恢复高速增长，2012 年申请量达到峰值，约为 2500 项，出现最大年增长率，2013 年后申请量下降，2015 年出现短暂的增长。

2003 年前美国申请量发展趋势与全球申请量发展趋势基本一致，2004~2007 年申请量基本保持在常规水平，每年约 800 件，2008~2012 年美国申请量发展趋势再次与全球申请量趋势保持一致，2013 年后申请量持续下降。

1997 年前中国申请量增长缓慢，1998~2016 年持续快速增长，中国申请量几乎没

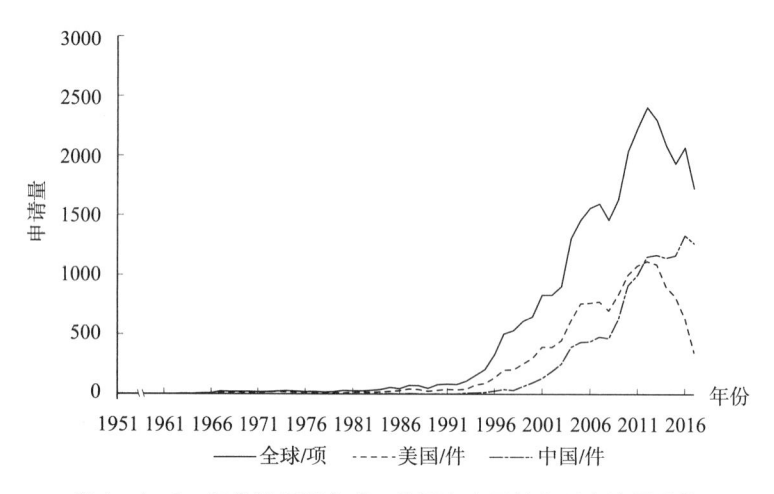

图 2-1-3 氮化镓领域全球、美国和中国的专利申请量趋势

有受到 2008 年全球经济危机影响，2008 年后增长速度加快，2012~2014 年申请量保持在常规水平，每年约 1150 件，2016 年申请量达到峰值，约 1350 件。

2010 年前美国申请量领先于中国申请量，中美两国申请量差距逐步拉大直至 2003 年有所缩减，2004~2008 年中美两国申请量差距再次拉大，2008 年后差距逐步缩减，2012 年中国申请量与美国申请量首次持平并保持领先状态。2017 年全球、美国和中国的申请量下降，原因在于部分专利申请尚未公开。

2.1.3 其他材料专利申请趋势

图 2-1-4 示出了其他材料在全球、美国和中国的专利申请发展趋势。其他材料在全国、美国和中国的申请量总体呈现不断增长的趋势。

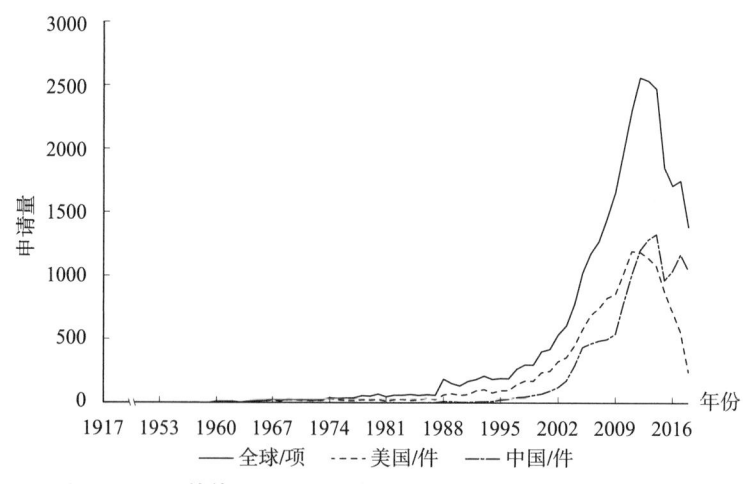

图 2-1-4 其他材料领域全球、美国和中国的专利申请量趋势

20 世纪 70 年代初开始出现其他材料的申请。20 世纪 90 年代，全球、美国和中国申请量大幅度上涨。2009 年美国申请量率先达到峰值，约 1200 件；2010 年全球申请量

达到峰值,约有 2600 项;2012 年中国申请量达到峰值,约 1350 件。2010 年前美国申请量领先于中国申请量,中美两国申请量差距不大;2010 年中国申请量与美国申请量达到持平;2011~2013 年中国申请量略有下降,但始终领先或持平于美国申请量;2014~2016 年,中国申请量略有增长。2017 年全球、美国和中国的申请量下降,原因在于部分专利申请尚未公开。

2.2 全球专利区域分布

本节将从全球专利申请国家/地区分布、流向、在华分布等方面出发,对第三代半导体材料进行专利分析。

2.2.1 国家/地区分布

图 2-2-1 示出了第三代半导体主要分支碳化硅、氮化镓以及其他材料全球专利申请国家/地区分布。第三代半导体、碳化硅、氮化镓以及其他材料的全球专利申请主要集中在中国、日本、美国、韩国、中国台湾、德国、法国和英国等国家/地区。❶

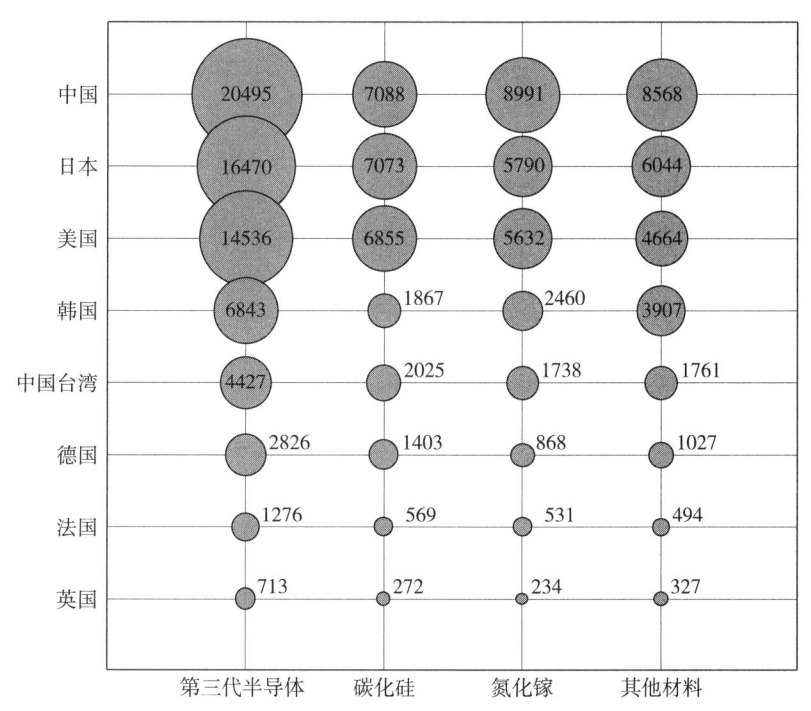

国家/地区	第三代半导体	碳化硅	氮化镓	其他材料
中国	20495	7088	8991	8568
日本	16470	7073	5790	6044
美国	14536	6855	5632	4664
韩国	6843	1867	2460	3907
中国台湾	4427	2025	1738	1761
德国	2826	1403	868	1027
法国	1276	569	531	494
英国	713	272	234	327

图 2-2-1 第三代半导体主要分支专利申请国家/地区分布

注:图中数字表示申请量,单位为项。

截至检索日,全球第三代半导体的总申请量为 67550 项。其中,中国的申请量最

---

❶ 为了便于比较说明,故将第三代半导体及其技术分支进行并列,特此说明。另外,各技术分支申请量之和不等于总量,原因在于部分专利文献技术主题存在交叉。

多,占总申请量的 30.3%,申请量为 20495 件;日本的申请量次之,占总申请量的 24.4%,申请量为 16470 件;美国的申请量占总申请量的 21.5%,申请量为 14536 件;韩国、中国台湾、德国、法国、英国分别占总申请量的 10.1%、6.6%、4.2%、1.9%、1.1%。从整体分布比例可看出,第三代半导体专利申请主要来自亚洲国家/地区,占总申请量的 71.4%,是欧美国家/地区申请量的 2.5 倍。

全球碳化硅的申请总量为 27112 项,中国、日本和美国分别占总申请量的 26.1%、26.1% 和 25.3%,可以看出,中国、日本和美国对碳化硅都很重视。

全球氮化镓的申请总量为 26253 项,中国、日本和美国分别占总申请量的 34.3%、22.1% 和 21.5%,可以看出,中国对氮化硅的重视程度远高于其他国家/地区。

全球其他材料的申请总量为 26792 项,中国、日本和美国分别占总申请量 32.0%、22.6% 和 17.4%,可以看出,中国对其他材料也很重视,并高于其他国家/地区。

2.2.2 专利流向分析

图 2-2-2(见文前彩插第 1 页)示出了第三代半导体全球专利申请的流向。日本、美国、中国、韩国、德国、中国台湾、法国和英国是第三代半导体技术较强的国家/地区及消费市场。大多数公司重视在这些国家/地区的专利布局,第三代半导体的专利布局主要在这些国家/地区。

日本主要在日本本土、美国、中国、WIPO、韩国和中国台湾进行专利布局。其中,在日本本土和美国布局的专利数量相差不大,分别为 15475 件和 13537 件;在中国、WIPO、韩国和中国台湾布局的专利数量相差也不大,均为日本本土专利数量的 1/3,其中,WIPO 申请略多。可以看出,日本非常重视本土市场,同时更加重视海外市场,最重视美国市场,说明美国市场与本土市场几乎同等重要。因此,日本对于海外市场的开发非常充分。

美国主要在美国本土、WIPO、日本和中国进行专利布局,其中,美国本土布局的专利数量为 13615 件,海外市场专利布局总量与本土总量相当。可以看出,美国同等重视本土市场和海外市场。

中国主要在中国本土进行专利布局,在国外布局范围较广但专利数量较少,主要在美国布局。可以看出,中国更加注重本土市场,海外市场还处在初始阶段,可以开发的空间很大。

韩国主要在韩国本土和美国进行专利布局,布局的专利数量分别为 6579 件和 5268 件,对其他国家/地区的布局量很少但很均等。可以看出,韩国几乎同等重视本土和美国市场,其他国家/地区有涉及但不是重点。

德国、中国台湾、法国和英国除了在本地区进行专利布局,其他布局主要集中在美国。

在对碳化硅全球专利申请流向进行分析发现,日本、美国、中国、中国台湾、韩国、德国、法国和英国是最主要的专利申请来源地。美国、中国、日本、韩国、中国台湾、WIPO、德国、EPO、澳大利亚和法国是最主要的专利申请目标地。

日本主要在日本本土、美国、WIPO、中国、韩国、EPO、中国台湾和德国进行专利布局。其中,在日本本土布局的专利数量为 6471 件,约占总量的 25%;在美国布局的专利数量为 5603 件,约占总量的 28%;在其他国家/地区的申请量很少,以 WIPO 申请最多,为

2524 件，中国次之，为 2416 件。可以看出，日本更加重视海外市场，其中最重视美国市场，欧洲与亚洲的布局量相当，也说明了日本对欧洲市场和亚洲市场的重视程度相当。

美国主要在美国本土、WIPO、日本和中国进行专利布局。美国本土专利布局的数量为 6471 件，约占总量的 1/3；在日本和中国的布局量分别为 2262 件和 1770 件；在德国和法国有少量布局。可以看出，美国的海外市场主要在亚洲，日本和中国是其最主要的亚洲市场。

中国主要在中国（大陆及台湾）和美国进行专利布局。在中国（大陆）的申请量为 6958 件，约占总申请量的 80%；在中国台湾和美国的申请量分别为 1640 件和 1112 件；在其他国家/地区均有申请，申请量极小。可以看出，中国极其重视本土市场，海外专利布局非常少，说明海外市场具有极大的开发空间。

中国台湾、韩国、法国、德国和英国等国家/地区主要在本地和美国进行专利布局，美国是其主要海外市场。

在对氮化镓全球专利申请流向进行分析发现，氮化镓专利申请量最多的国家是日本，其次是美国和中国。氮化镓专利的主要目标国分别是美国、中国和日本。

日本在日本本土和美国的专利申请量相差不大，分别为 5438 件和 4948 件，二者约占总申请量的 50%。在其他国家/地区的申请量相差不大，其中，中国的申请量最多，为 2357 件。日本非常重视海外市场的发展，其海外市场主要集中在美国和亚洲国家/地区。

美国在本土的专利申请量为 5225 件，约占申请总量的 1/3。其海外市场主要在亚洲国家/地区，在德国和法国有少量专利申请。

中国绝大多数专利申请在中国本土进行，其海外市场主要为美国，所占比例约 10%。中国在其他国家的专利申请量极少，有的地区甚至还没有开始申请。可以看出，中国亟待开发海外市场。

在对其他材料专利申请流向进行分析发现，其他材料专利申请量最多的国家是日本，其次为美国，韩国和中国相当。其他材料专利申请的主要目标国分别是美国、中国、日本和韩国。

日本在日本本土和美国的专利申请量相差不大，分别为 5713 件和 5128 件，二者约占总申请量的 50%。在其他国家/地区的申请量相差不大，其中，中国的申请量最多，为 2626 件。日本非常重视海外市场的发展，其海外市场主要集中在美国和亚洲国家/地区。

美国在本土的专利申请量为 4379 件，约占申请总量的 1/3。其海外市场主要在亚洲国家/地区，在德国和加拿大有少量专利申请。

中国绝大多数专利申请在中国本土进行，其海外市场主要为美国，所占比例约 10%。中国在其他国家/地区的专利申请量极少。可以看出，中国对海外市场的开发不充分，需要加大海外市场的开发力度。

2.2.3 在华分布情况

图 2-2-3 和图 2-2-4 分别示出了第三代半导体和碳化硅、氮化镓及其他材料技术主要国家/地区在华专利分布情况，主要从专利申请数量、专利有效数量和专利申请有效率三方面进行分析。

```
       中国  ┤                              20305
             │         8587
       日本  ┤    6532
             │  3763
       美国  ┤  4055
             │ 2146
       韩国  ┤ 2757
             │ 1454
     中国台湾 ┤ 1488
             │ 808
       德国  ┤ 1039
             │ 568
       法国  ┤ 505
             │ 293
     澳大利亚 ┤ 379
             │ 244
```

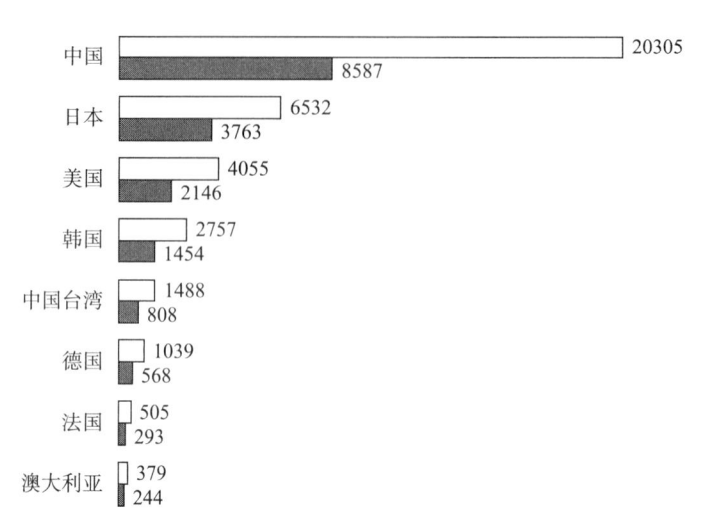

☐ 专利申请量/件　■ 专利有效量/件

图 2-2-3　第三代半导体领域主要国家或地区来华专利申请

	(a) 碳化硅	(b) 氮化镓	(c) 其他材料
中国	7006 / 3140	8945 / 3864	8514 / 3402
日本	2506 / 1313	2433 / 1466	2706 / 1722
美国	1925 / 1068	1530 / 839	1472 / 750
韩国	735 / 328	913 / 543	1677 / 956
中国台湾	655 / 357	551 / 300	593 / 331
德国	456 / 244	367 / 212	453 / 248
法国	215 / 145	214 / 138	241 / 120
澳大利亚	115 / 77	157 / 108	202 / 134
荷属安的列斯	131 / 89	184 / 141	168 / 118

☐ 专利申请量/件　■ 专利有效量/件

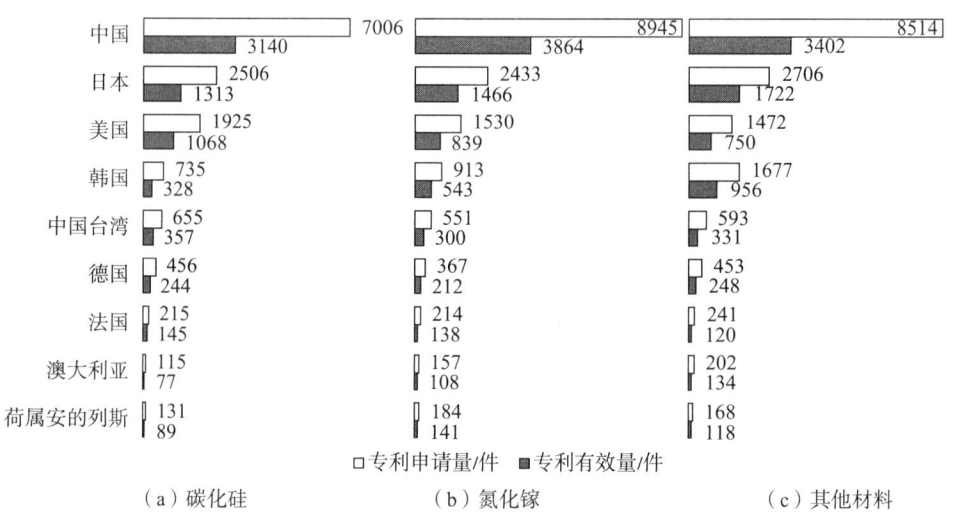

图 2-2-4　碳化硅、氮化镓、其他材料领域主要国家/地区在华专利申请分布

第三代半导体技术相关专利在华申请数量总计 37423 件，其中，有效专利量为 18120 件，专利申请平均有效率是 48.4%。在华专利申请数量和有效专利数量排名前三的国家依次是中国、日本、美国。

中国虽然专利申请数量和有效专利数量较多，但专利申请有效率并不高，仅为 42.2%，低于平均有效率；其他国家/地区专利申请有效率均在 55% 左右。

碳化硅技术相关专利在华申请数量总计 13744 件，其中，有效专利共 6761 件，专利申请平均有效率为 49.2%。在华专利申请量最高的国家是中国，占总申请量的 51.0%；其次是日本和美国，分别占总申请量的 18.2% 和 14.0%。

氮化镓技术相关专利在华申请数量总计 15294 件，其中有效专利共 7641 件，专利申请平均有效率为 50.0%。在华专利申请量最高的国家是中国，占总申请量的 58.49%；其次是日本和美国，分别占总申请量的 15.9% 和 10.0%。

其他材料技术相关专利在华申请数量总计 16023 件，其中有效专利共 7781 件，专利申请平均有效率为 48.6%。在华专利申请量最高的国家是中国，占总申请量的 53.1%；其次是日本和美国，分别占总申请量的 16.9% 和 9.2%。

中国在碳化硅、氮化镓、其他材料的专利申请数量和有效数量较多，对应的专利申请有效率分别为 44.8%、43.2% 和 40.0%，均略低于平均有效水平；荷属安的列斯则相反，虽然专利申请数量和有效专利数量较少，但对应的专利申请有效率均远远高出平均有效水平，分别为 68.0%、76.6% 和 70.2%；其他国家/地区则处于略高于平均有效率的状态。

图 2-2-5 示出了第三代半导体技术国内主要省市专利申请量及有效申请情况。其中，就专利申请量来看，北京、广东、上海仍然是专利申请量的大户，都在 2500 件以上。江苏列第四，其申请量也在 2500 件以上。其他上榜省市的申请量则都在 1000 件以下。在排名前四位中，又以上海的专利有效率最高（44.8%），广东的专利有效率最低（36.1%）。就专利有效量来看，全国大多省市的专利有效率在 50% 以下。仅有福建、湖南和河北的专利有效率超过了 50%，分别为 54.5%、51.8% 和 51.7%。

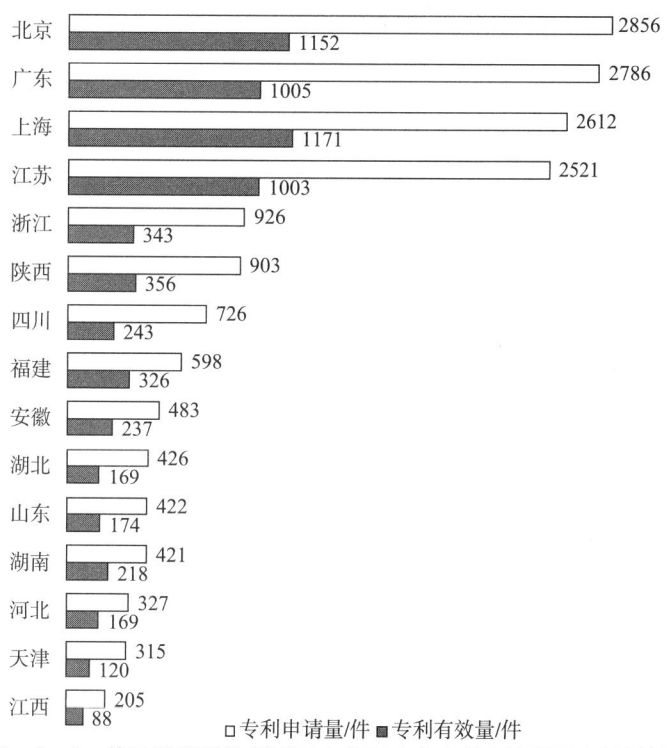

省市	专利申请量/件	专利有效量/件
北京	2856	1152
广东	2786	1005
上海	2612	1171
江苏	2521	1003
浙江	926	343
陕西	903	356
四川	726	243
福建	598	326
安徽	483	237
湖北	426	169
山东	422	174
湖南	421	218
河北	327	169
天津	315	120
江西	205	88

图 2-2-5 第三代半导体领域国内主要省市专利申请量及有效量情况

图 2-2-6 示出了碳化硅、氮化镓、其他材料技术国内主要省市专利申请量及有效量情况。其中，在碳化硅专利方面，上海申请量最高（1500 件），北京、江苏紧随其后。其他省市的申请量则都在 500 件以下。前三位省市中专利有效率最高的是上海，为 48.6%。

地区	(a) 碳化硅 申请量	(a) 碳化硅 有效量	(b) 氮化镓 申请量	(b) 氮化镓 有效量	(c) 其他材料 申请量	(c) 其他材料 有效量
上海	1500	729	755	309	650	236
北京	962	387	1255	483	1345	550
江苏	738	271	1329	542	931	382
广东	493	199	1224	532	1535	458
陕西	459	218	473	189	194	63
四川	358	128	356	133	248	79
浙江	213	88	411	125	478	194
安徽	132	63	248	124	178	91
山东	129	55	221	101	167	58
湖南	128	66	243	138	96	40
福建	117	61	386	217	219	128
河北	107	56	122	58	161	90
湖北	85	31	213	98	203	64
江西	66	31	133	51	79	35
天津	50	22	90	37	214	76

□ 专利申请量/件　■ 专利有效量/件

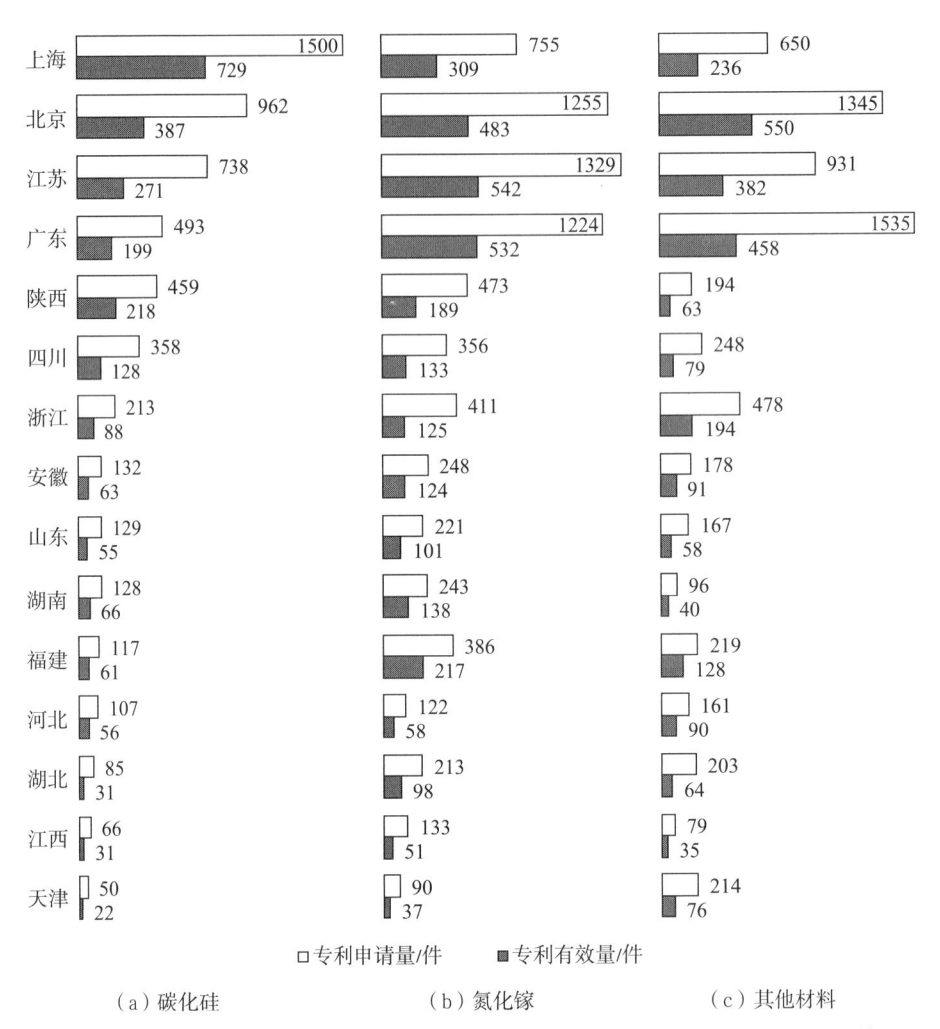

图 2-2-6　碳化硅、氮化镓、其他材料领域国内主要省市专利申请量及有效量情况

在氮化镓专利方面，江苏、北京和广东的申请量较高，都在1200件以上。上海以755件位居第四，其余省市的申请量则在500件以下。在专利有效率方面，前四位的排名依次为广东（43.5%）、上海（40.9%）、江苏（40.8%）、北京（38.5%）。在排名前15位省市中，福建和湖南的有效率异军突起，分别为56.2%和56.8%。

同样地，其他材料的专利申请量依然集中于北京、上海、广州、江苏。广东的申请量最高，为1535件，北京以1345件居第二位，江苏和上海则分别有931件和650件。在专利有效率方面，前四位省市的专利有效率都较低。福建有效率最高，达到58.4%。

2.3　主要申请人排名

2.3.1　全球专利申请人排名

图2-3-1示出了第三代半导体全球专利申请人排名。在全球范围内，第三代半导体专

利申请人主要集中在国外企业,其中全球申请量排名前十位的申请人中仅有一家中国企业(中芯国际)。在前 20 位中,台积电(中国台湾)列第 13 位,中科院半导体所列第 16 位。

申请人	申请量/项
IBM	1667
东芝	1504
三星	1392
住友电气	1127
松下电器	1087
半导体能源研究所	977
中芯国际	847
富士通	800
夏普	748
LG	730
日立	721
三菱电机	719
台积电	656
索尼	565
罗姆股份	518
中科院半导体所	493
英飞凌	484
INTEL	480
京东方	471
NEC	467

图 2-3-1 第三代半导体领域全球专利申请人排名

从地域分布来看,除了 IBM(美国)以 1667 项专利居申请量第一之外,其他企业/机构几乎全部来自亚洲地区,以日韩企业居多。在申请量前十位中,日本企业占 6 席,韩国企业占 2 席。反观欧洲,在前 20 位申请人中,只有 1 家德国企业(英飞凌)。

在申请量上,国外企业的申请量也远超我国。排名第一的 IBM 申请量(1667 项)几乎是中芯国际(847 项)的两倍。日韩企业的申请量紧随其后,占第二至第五位,且每家企业的申请量都在 1000 项以上。

图 2-3-2 示出了碳化硅、氮化镓、其他材料领域全球专利申请人排名情况。

可见,在三个领域皆有建树的厂商主要来自美国、日本、韩国,分别有 IBM、东芝、住友电气、三星、松下电器、夏普和富士通。

在碳化硅领域,排名前五位的厂商依次为 IBM、东芝、中芯国际、三菱电机和三星。另外,前 20 位中的中国企业或机构还有台积电(中国台湾)、西安电子科技大学和中科院半导体所。

在氮化镓领域,排名前五位的申请人是东芝、住友电气、三星、LG 和松下电器。另外,中国企业或机构有中科院半导体所、西安电子科技大学、晶元光电股份有限公司(中国台湾)和湘能华磊光电。

在其他材料领域,排名前五位的申请人是半导体能源研究所、三星、京东方、IBM 和海洋王照明。中国企业或机构有晶元光电(中国台湾)、深圳华星光电和浙江大学。

2.3.2 在华专利申请人排名

图 2-3-3 示出了第三代半导体领域专利中国申请人排名以及有效专利情况。其

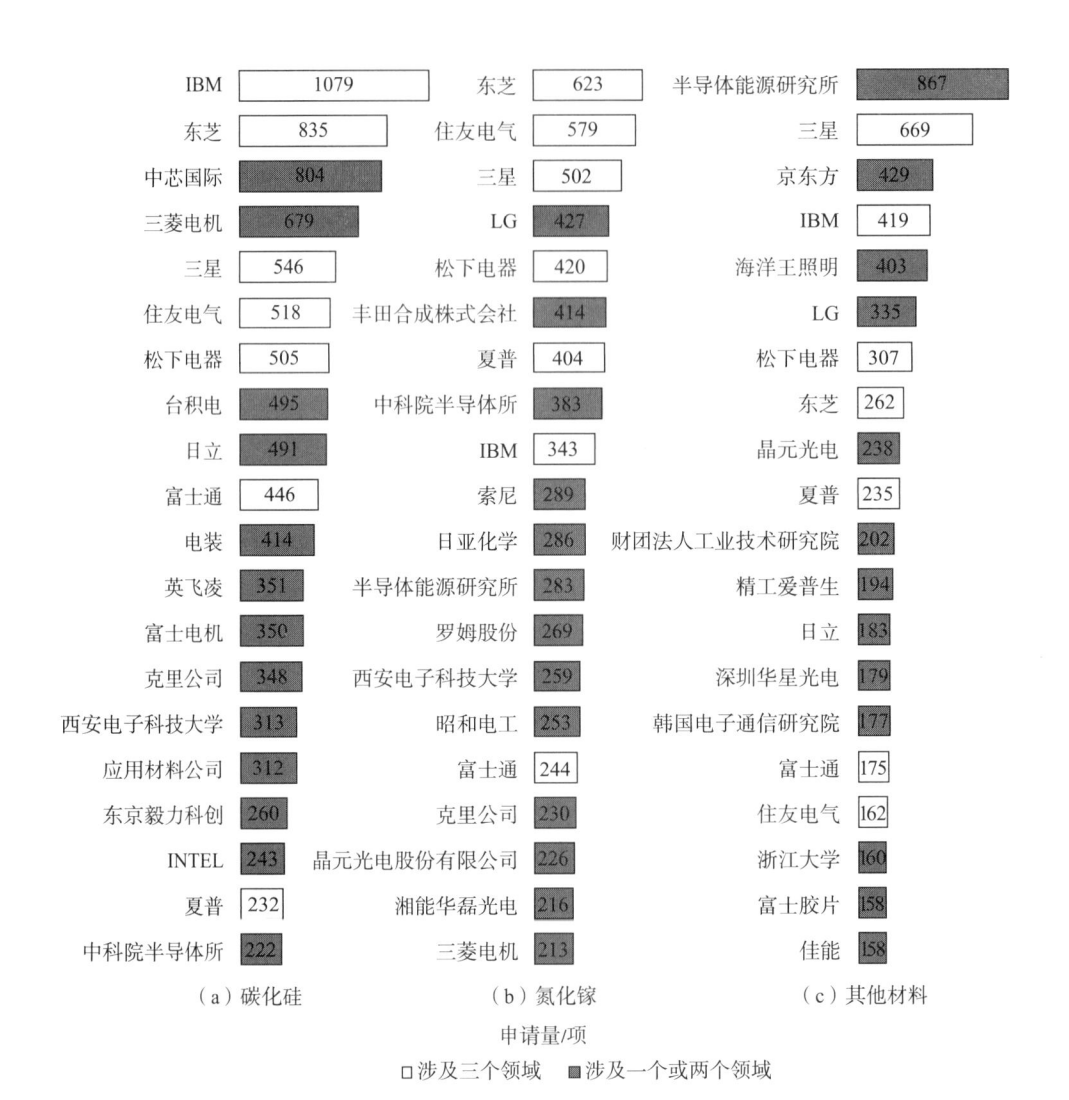

(a) 碳化硅		(b) 氮化镓		(c) 其他材料	
IBM	1079	东芝	623	半导体能源研究所	867
东芝	835	住友电气	579	三星	669
中芯国际	804	三星	502	京东方	429
三菱电机	679	LG	427	IBM	419
三星	546	松下电器	420	海洋王照明	403
住友电气	518	丰田合成株式会社	414	LG	335
松下电器	505	夏普	404	松下电器	307
台积电	495	中科院半导体所	383	东芝	262
日立	491	IBM	343	晶元光电	238
富士通	446	索尼	289	夏普	235
电装	414	日亚化学	286	财团法人工业技术研究院	202
英飞凌	351	半导体能源研究所	283	精工爱普生	194
富士电机	350	罗姆股份	269	日立	183
克里公司	348	西安电子科技大学	259	深圳华星光电	179
西安电子科技大学	313	昭和电工	253	韩国电子通信研究院	177
应用材料公司	312	富士通	244	富士通	175
东京毅力科创	260	克里公司	230	住友电气	162
INTEL	243	晶元光电股份有限公司	226	浙江大学	160
夏普	232	湘能华磊光电	216	富士胶片	158
中科院半导体所	222	三菱电机	213	佳能	158

申请量/项

□ 涉及三个领域　■ 涉及一个或两个领域

图 2-3-2　碳化硅、氮化镓、其他材料领域全球专利申请人排名

中，中芯国际以 891 件位居榜首，三星以 855 件居第二，住友、LG、台积电紧随其后。但前三位申请人的有效专利率并不太高，均在 50%左右。而列第四和第五的 LG 和台积电的有效专利率则稍高，分别为 68.7% 和 63.5%。

无论从申请量，还是从专利有效率来看，企业的表现都好于大学/科研机构。尤其值得注意的是，在排名前 20 位中，大学/科研机构的有效专利率都在 50% 以下。

在专利有效专利率方面，排名前 20 位申请人中，有效专利率最高的是半导体能源研究所（日本），为 86.1%，第二位为 IBM（美国），为 70.8%；有效专利率最低的申请人是海洋王照明，为 12.8%。

图 2-3-4 示出了碳化硅、氮化镓、其他材料领域中国专利申请人排名及其有效专利情况。

可见，在碳化硅材料领域，主要申请人有中芯国际、台积电、住友电气、西安电

申请人	专利申请量/件	专利有效量/件
中芯国际	891	483
三星	855	418
住友	632	290
LG	559	384
台积电	510	324
中科院半导体所	497	155
京东方	497	244
西安电子科技大学	458	192
海洋王照明	444	57
半导体能源研究所	440	379
中科院微电子所	421	194
三菱	414	211
电子科技大学	378	102
松下	368	203
华星光电	305	79
东芝	297	111
IBM	291	206
北京大学	291	122
华南理工大学	278	108
应用材料公司	248	95

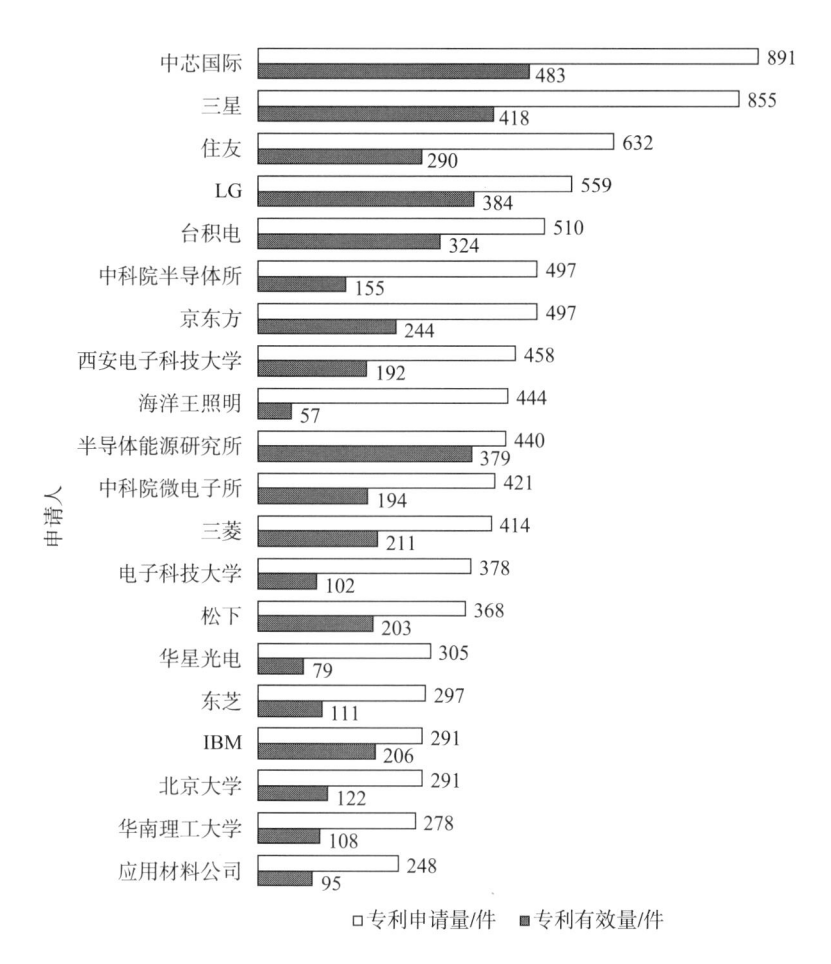

图 2-3-3 第三代半导体领域专利中国申请人排名及其有效专利情况

子科技大学、三菱电机、IBM 和中科院微电子所等。其中，中芯国际的申请量遥遥领先，达到 846 件，并且有效专利率也较高，达到 54.4%。在排名前列的知名厂商中，IBM 的申请虽然稍低，只有 227 件，但是其有效专利率最高，达到 73.6%。

在氮化镓材料领域，申请量排名前列的申请人有中科院半导体所、住友电气、三星、西安电子科技大学、LG 等。其中，中科院半导体所的申请量虽然最高，达到 384 件，但其有效申请只有 129 件，有效专利率只有 33.6%。西安电子科技大学的有效专利率亦较低，只有 43.1%。而前五位的其他 3 位申请人专利有效率则较高，其中，LG 的专利有效率最高，达到 75.2%。通过分析申请人的性质可以看出，国内氮化镓领域的申请人多为高校和研究机构，产业化力度有待加强。国外申请人大多来自半导体产业传统大厂，具有技术转化的优势，且在技术布局上已经过深思熟虑，由此可以推论，当今国内氮化镓材料领域的专利很大程度是由美国、日本、韩国的主要企业主导。

在其他材料领域，排名靠前的申请人有三星、京东方、海洋王照明、LG、半导体能源研究所和华星光电等。其中，三星的申请量最高，达到 577 件；专利有效率最高的申请人为半导体能源研究所，高达 87.0%；有效专利率最低的申请人为海洋王照明，为 13.4%。

申请人	(a) 碳化硅 申请量/有效量	(b) 氮化镓 申请量/有效量	(c) 其他材料 申请量/有效量
中芯国际	846 / 460	48 / 24	25 / 11
三星	184 / 73	258 / 127	577 / 311
住友电气	319 / 113	284 / 169	112 / 58
LG	103 / 67	210 / 158	400 / 282
台积电	389 / 239	101 / 68	76 / 56
中科院半导体所	226 / 77	384 / 129	127 / 23
京东方	31 / 20	91 / 47	454 / 222
西安电子科技大学	318 / 162	260 / 112	44 / 7
海洋王照明	45 / 4	22 / 2	402 / 54
半导体能源研究所	24 / 20	156 / 136	399 / 347
中科院微电子所	213 / 97	182 / 71	126 / 56
三菱电机	273 / 132	168 / 84	90 / 55
电子科技大学	184 / 45	178 / 53	130 / 36
松下	142 / 87	170 / 92	123 / 71
华星光电	13 / 2	68 / 16	288 / 74
东芝	136 / 52	128 / 52	70 / 25
IBM	227 / 167	45 / 28	57 / 39
北京大学	34 / 16	190 / 78	105 / 45
华南理工大学	14 / 4	179 / 87	110 / 25
应用材料公司	164 / 56	58 / 30	65 / 28

□ 专利申请量/件　■ 专利有效量/件

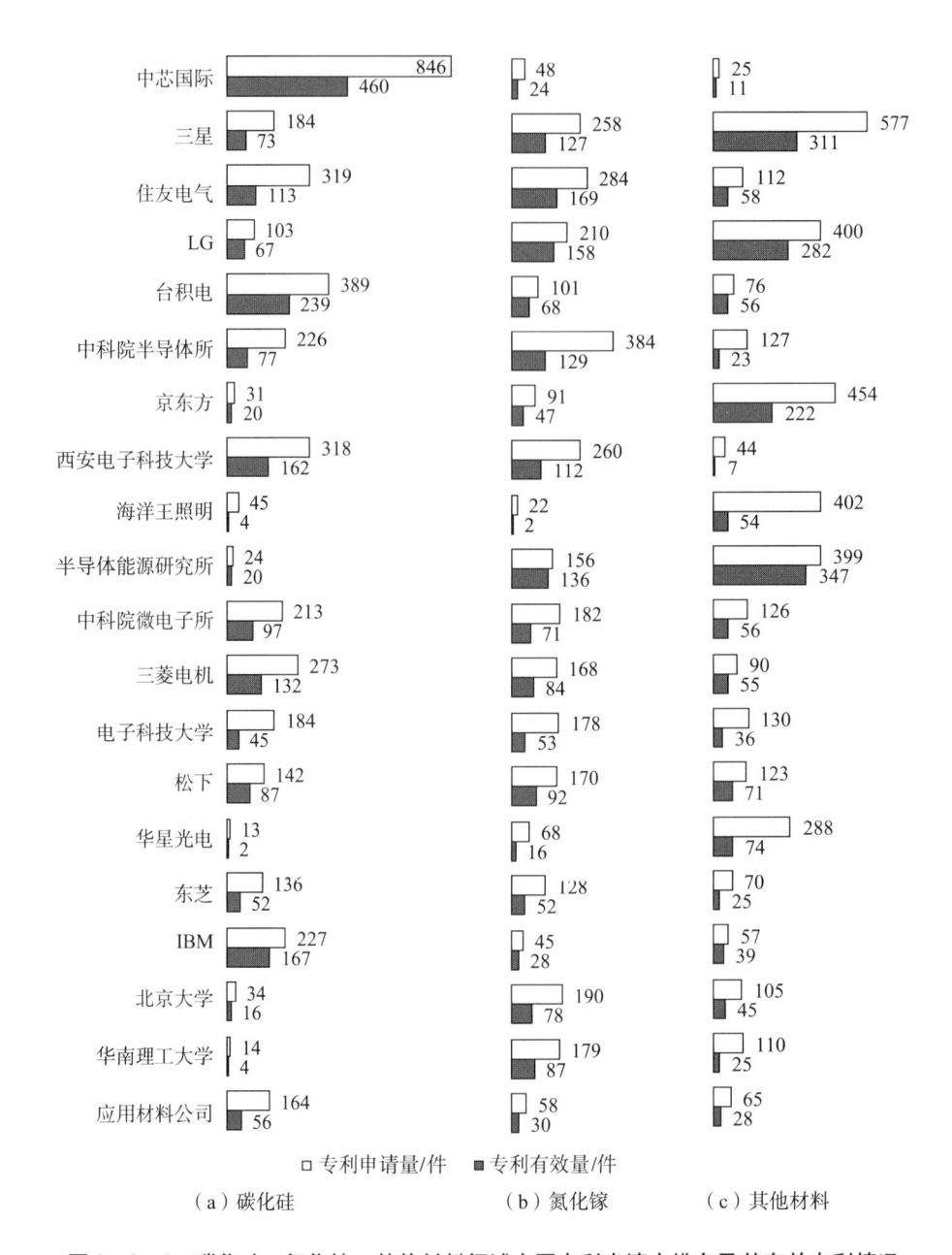

(a) 碳化硅　　　(b) 氮化镓　　　(c) 其他材料

图2-3-4　碳化硅、氮化镓、其他材料领域中国专利申请人排名及其有效专利情况

2.4　技术构成

2.4.1　全球技术构成

如图2-4-1所示（见文前彩插第2页），涉及第三代半导体材料专利的总量为87510项，其中，碳化硅为36426项，氮化镓为33450项，金属氧化物为32258项。三

种主要材料专利申请的数量较为接近，造成各技术分支数量比总量多的原因是部分文献同时涉及碳化硅、氮化镓以及金属氧化物等，存在重复计算。在碳化硅材料中，申请数量较多的技术分支主要是在外延生长技术和器件工艺，可以占到碳化硅申请总量的62.3%；在氮化镓材料中，外延生长技术同样是主要技术分支，占总量的36.1%。

2.4.2 主要国家/地区技术构成对比

图2-4-2示出了第三代半导体领域中国专利技术构成。第三代半导体中国专利技术的申请总量为51893件，其中，碳化硅为14309件，氮化镓为25017件，金属氧化物为12567件。

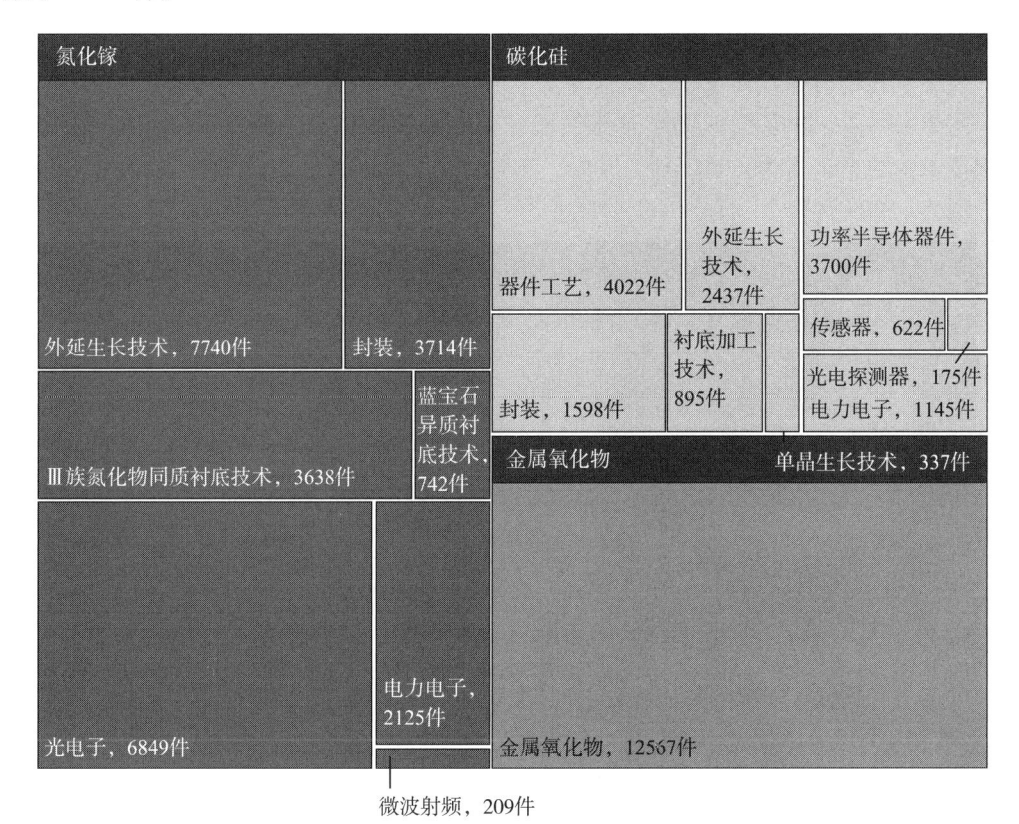

图2-4-2 第三代半导体领域中国专利技术构成

在碳化硅材料，申请量较多的技术分支是器件工艺、功率半导体器件、外延生长技术、封装和电力电子，所占比例分别是28.1%、25.9%、17.0%、11.2%和8.0%；衬底加工技术、传感器、单晶生长技术和光电探测器申请量均不足1000件，共占9.8%。

在氮化镓材料中，申请量较多的技术分支是外延生长技术、光电子、封装、Ⅲ族氮化物同质衬底技术和电力电子，所占比例分别是30.9%、27.4%、14.8%、14.5和8.5%；蓝宝石异质衬底技术和微波射频申请量均不足1000件，共占3.8%。

在金属氧化物中，只涉及一种技术分支。

图2-4-3（见文前彩插第3页）示出了第三代半导体领域美国专利技术构成。涉及第三代半导体美国专利技术的总申请量为59318件，其中，碳化硅为19419件，氮化镓为24563件，金属氧化物为15336件。

在碳化硅材料中，申请量较多的技术分支是器件工艺、功率半导体器件、外延生长技术、封装、电力电子、衬底加工技术和传感器，所占比例分别为27.5%、21.7%、13.6%、11.1%、9.9%、6.2%和6.0%；单晶生长技术和光电探测器申请量较少，共占4.0%。

在氮化镓材料中，申请量较多的技术分支是外延生长技术、光电子、Ⅲ族氮化物同质衬底技术、封装、电力电子，所占比例分别为26.7%、22.3%、19.9%、15.5%和11.5%；蓝宝石异质衬底技术和微波射频申请量较少，共占4.0%。

金属氧化物材料仅涉及一个技术分支申请。

图2-4-4示出了第三代半导体领域日本专利技术构成。涉及第三代半导体日本专利技术的总申请量为54703件，其中，碳化硅为17941件，氮化镓为22853件，金属氧化物为13909件。

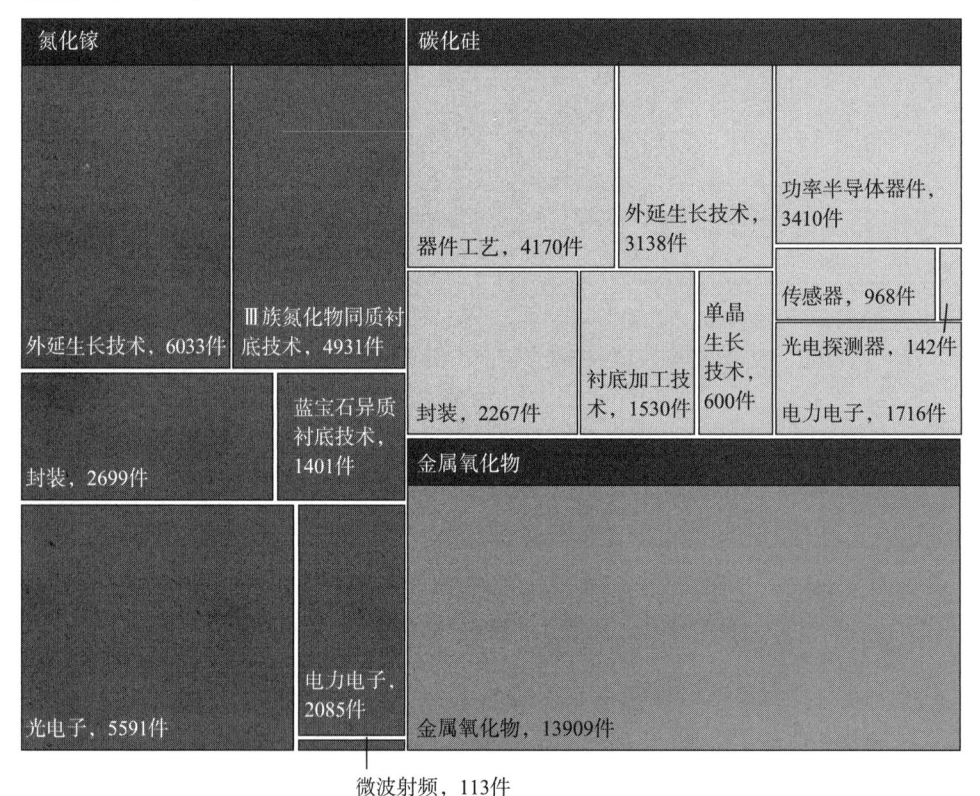

图2-4-4 第三代半导体领域日本专利技术构成

在碳化硅材料中，申请量较多的技术分支是器件工艺、功率半导体器件、外延生长技术、封装、电力电子和衬底加工技术，所占比例分别为23.2%、19.0%、17.5%、12.6%、9.6%和8.5%；传感器、单晶生长技术和光电探测器申请量较少。

在氮化镓材料中,申请量较多的技术分支是外延生长技术、光电子、Ⅲ族氮化物同质衬底技术、封装、电力电子和蓝宝石异质衬底技术,所占比例分别为26.4%、24.5%、21.6%、11.8%、9.1%和6.1%;微波射频申请量较少。

金属氧化物材料仅涉及一个技术分支专利申请。

图2-4-5示出了第三代半导体领域韩国专利技术构成。涉及第三代半导体韩国专利技术的总申请量为31588件,其中,碳化硅为8394件,氮化镓为13843件,金属氧化物为9351件。

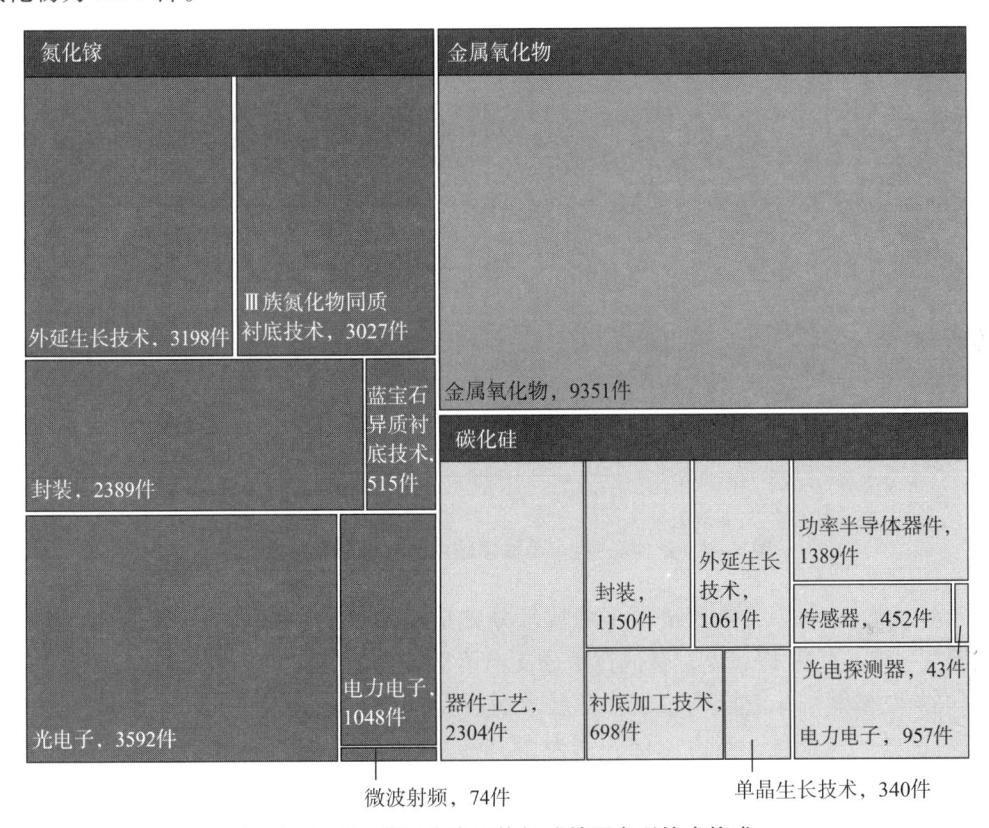

图2-4-5 第三代半导体领域韩国专利技术构成

在碳化硅材料中,申请量较多的技术分支是器件工艺、功率半导体器件、封装和外延生长技术,所占比例分别为27.4%、16.5%、13.7%和12.6%;其他技术分支申请量较少。

在氮化镓材料中,申请量较多的技术分支是光电子、外延生长技术、Ⅲ族氮化物同志衬底技术、封装、电力电子,所占比例分别为25.9%、23.1%、21.9%、17.3%和7.6%;蓝宝石异质衬底技术和微波射频申请量较少。

金属氧化物材料仅涉及一个技术分支申请。

图2-4-6示出了第三代半导体领域中国台湾专利技术构成。涉及第三代半导体中国台湾专利技术的总申请量为19909件,其中,碳化硅为5576件,氮化镓为8483件,金属氧化物为5850件。

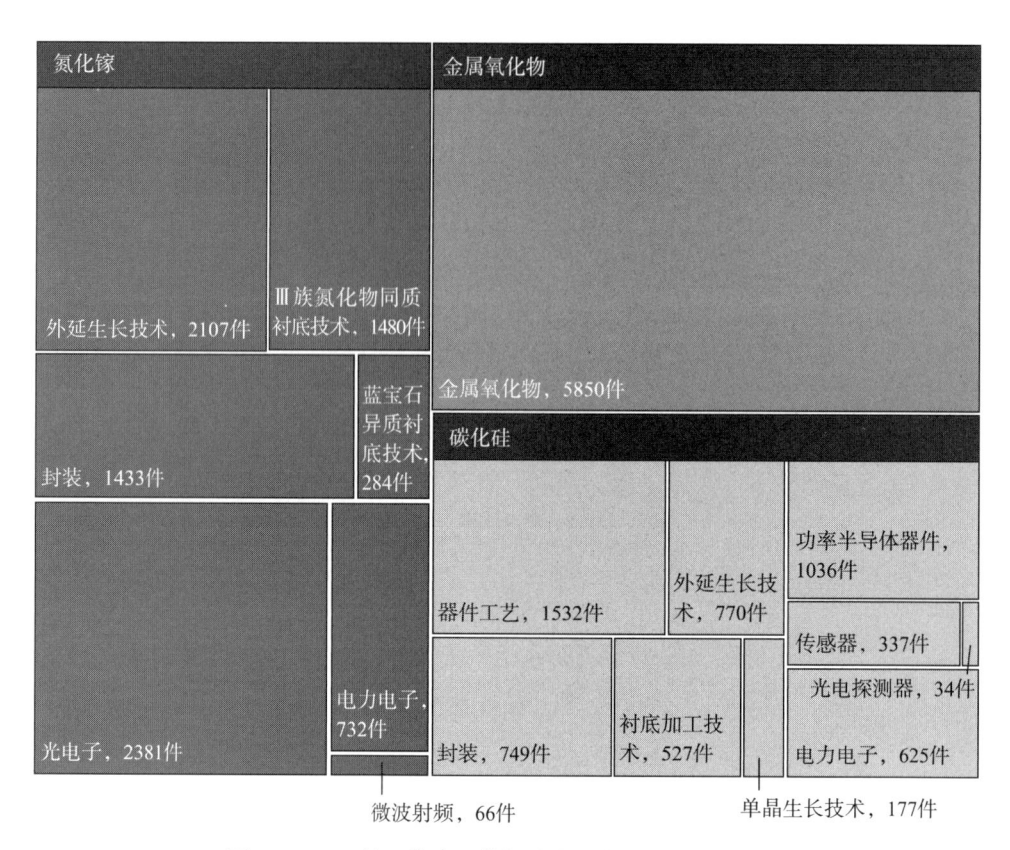

图 2-4-6　第三代半导体领域中国台湾专利技术构成

在碳化硅材料中，申请量较多的技术分支是器件工艺和功率半导体器件，所占比例分别为 27.5% 和 18.6%；其他技术分支申请量较少。

在氮化镓材料中，申请量较多的技术分支是外延生长技术、光电子、Ⅲ族氮化物同质衬底技术和封装，所占比例分别为 24.8%、28.1%、17.4% 和 16.9%；其他技术分支申请量较少。

金属氧化物材料仅涉及一个技术分支申请。

第3章 碳化硅关键技术专利分析

3.1 碳化硅制备技术分析

截至2018年10月30日，涉及碳化硅制备的全球专利申请量为36426项。下面将从专利申请趋势、主要国家/地区专利布局对比、主要申请人分析、技术发展路线以及技术生命周期分析等方面对碳化硅制备的申请状况进行详细说明。

3.1.1 专利申请趋势

图3-1-1示出了碳化硅制备技术全球、美国和中国申请趋势，总体呈现出不断增长的态势。碳化硅制备技术全球申请分为三个阶段，1980年之前为缓慢发展期，每年的申请量缓慢增长，但均没有超过60件；1981~1994年为成长期，1981年碳化硅申请量开始增长，至1994年达到181件，年均增长率为8.7%；1995~2015年为快速发展期，到2015年申请了1009件专利，年均增长率为7.8%。

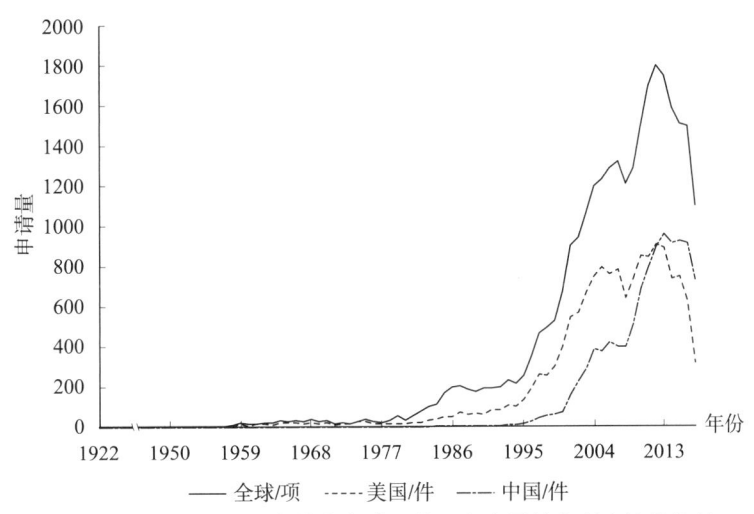

图3-1-1 碳化硅制备技术全球、美国和中国的专利申请量趋势

其中，2001年德国英飞凌公司推出碳化硅二极管产品，美国科锐和意法半导体等厂商也紧随其后推出碳化硅二极管产品。日本的罗姆、新日本无线及瑞萨电子等也投产了碳化硅二极管。

从国家申请趋势来看，美国在1927年提出了第一件申请，随后在1937年之后，几乎每年都有申请，而且申请量呈逐年递增态势。从1982年的18件，到2012年的峰值

909 件，30 年间年均增长率达 14%。可以看出，美国在此期间申请量增长明显。2012 年之后，申请量略有下降，但每年的申请量仍保持 600～700 件的水平。相比较而言，中国第一件申请出现在 1984 年，比美国晚了 57 年，一直到 1992 年，年申请量均在个位数。1995 年开始，中国的申请量呈快速增长态势，从 1995 年的 15 件，到 2013 年的峰值 964 件，18 年间年均增长率为 28%，远超过美国同期增长率，可以看出这个阶段中国在碳化硅技术领域发展迅猛。而且在 2013 年，中国的申请量 964 件，完成了对美国 896 件申请量的超越。随后的几年，中国的申请量一直保持稳定，且年申请量均超过了美国。

3.1.2 主要国家/地区专利布局对比

如图 3-1-2 所示，从中国碳化硅制备技术各技术分支的申请量来看，申请量最高的是器件工艺（2633 件），其次是外延生长（1745 件），申请量最少的是单晶生长（116 件）。中国在各技术分支均具有多边申请，器件工艺的多边申请量在总数上居第一。从多边申请量占比来看，衬底加工工艺多边申请量占全部申请量的 12%，位居第一；单晶生长的多边申请量占比最小，仅占 7%。从整体来看，中国申请多边申请量为 612 件，仅占全部申请量的 10.6%，占比较低，从而反映出我国企业仅重视国内市场，对国外市场不够重视，从而影响我国企业在全球市场的竞争力。

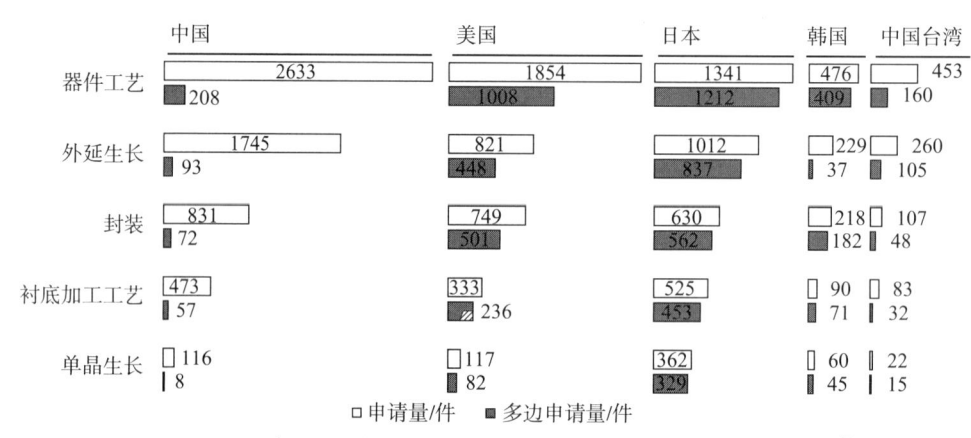

图 3-1-2　碳化硅制备技术各技术分支主要国家/地区专利布局对比❶

从美国各技术分支的申请量来看，申请量最高的是器件工艺（1854 件），其次是外延生长（821 件），申请量最少的是单晶生长（117 件）。美国在各技术分支都有多边申请量，器件工艺的多边申请量在总数上居第一。从多边申请量占比来看，衬底加工工艺多边申请量占该分支申请量的 71%，居第一；器件工艺的多边申请量占比最小，占比 54%。从整体来看，美国多边申请量达 3699 件，占全部申请量的 60%，占比很高，反映出美国企业不仅重视国内市场，还重视国外市场，提高了美国企业在全球市场的竞争力。

从日本各技术分支的申请量来看，申请量最高的是器件工艺（1341 件），其次是外延生长（1012 件），申请量最少的是单晶生长（362 件）。日本在各技术分支都有多

---

❶ 该图中数字与相应正文存在偏差，原因在于整体数据还包含其他技术分支的数据。

边申请量，且各技术分支的多边申请量占比都相当高，器件工艺、外延生长、封装、衬底加工工艺、单晶生长多边申请量的占比分别为90.4%、82.7%、89.2%、86.3%、90.9%。从整体来看，日本多边申请量为4589件，占全部申请量的88.1%，占比不仅远超中国，而且超过了美国的60%，反映出日本企业高度重视国外市场。

从韩国各技术分支的申请量来看，申请量最高的是器件工艺（476件），其次是外延生长（229件），申请量最少的是单晶生长（60件）。韩国在各技术分支都有多边申请量，器件工艺的多边申请量在总数上居第一，而且多边申请量占比也居第一，占比为85.9%。可以看出韩国在器件工艺上，对全球市场进行了重点布局。从整体来看，韩国多边申请量为1419件，占全部申请量的88%，占比很高。可以看出，韩国虽然申请总量不及中国、日本和美国，但多边申请较多，反映出韩国企业重视全球市场。

从中国台湾各技术分支的申请量来看，申请量最高的是器件工艺（453件），其次是外延生长（260件），申请量最少的是单晶生长（22件）。中国台湾在各技术分支都有多边申请量，器件工艺的多边申请量在总数上居第一。从多边申请量占比来看，单晶生长多边申请量占全部申请量的68.2%，居第一。从整体来看，中国台湾多边申请量为1081件，占全部申请量的59.8%，虽然不及日本和韩国，但与美国的占比相当，反映出中国台湾同样重视全球市场。

图3-1-3（见文前彩插第4页）为碳化硅制备技术主要国家/地区专利布局情况。中国申请总量为5772件，其中仅有612件为多边申请，占总量的10.6%；美国申请总量为6175件，其中3699件为多边申请，占总量的59.9%；日本申请总量为5210件，其中4589件为多边申请，占总量的88.1%；韩国申请总量为1612件，其中1419件为多边申请，占总量的88.0%；中国台湾申请总量为1808件，其中1081件为多边申请，占总量的59.8%。由以上可知，我国专利数量虽然众多，但是主要集中于国内，海外专利申请较少，在海外市场面临巨大的专利风险；而美国、日本和韩国的多边申请较多，除了本国布局外，非常注重海外市场的申请，可以为拓展海外市场业务的健康发展提供有力的保障。

3.1.3 主要申请人分析

图3-1-4示出了碳化硅制备技术全球主要申请人的申请排名情况。从申请人的国别来看，日本申请人的数量最多达9位，占前20位申请人总量的45%；美国和中国的申请人各为4位，各占前20位申请人总量的20%；而韩国、德国和中国台湾企业各1家。从各申请人的申请数量来看，申请量排名前五位的申请人中，美国、中国、日本、中国台湾和韩国各占1席，这与当前半导体产业在全球范围内主要的分布国家/地区是相适应的。从企业发展来看，排名前20位申请人主要是半导体产业的传统优势企业。我国中芯国际具有较多申请，也体现了我国在第三代半导体领域发展过程中持续努力。

3.1.4 单晶生长技术发展路线

碳化硅是最早发现的半导体材料之一。自1824年瑞典科学家Berzelius在人工合成

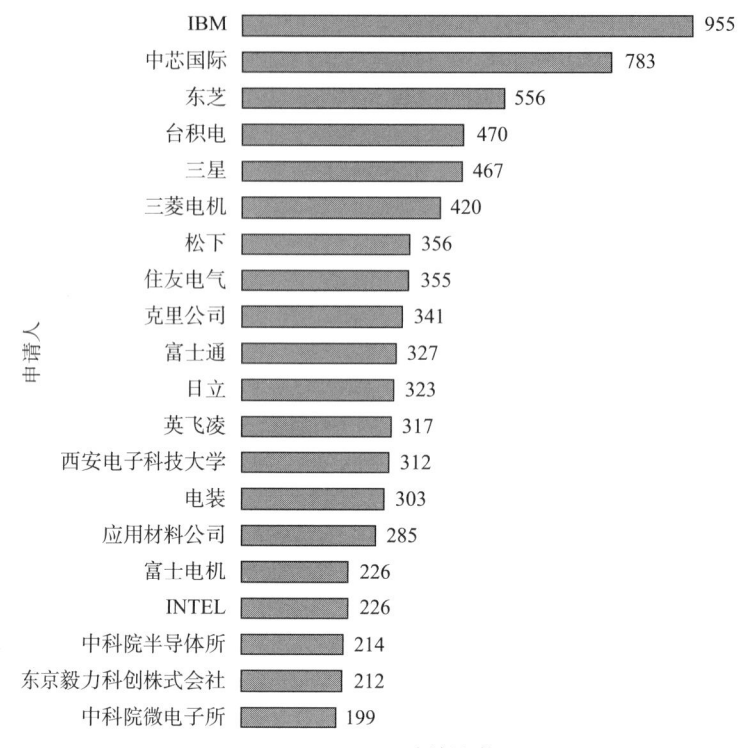

```
申请人排名:
IBM                    955
中芯国际                783
东芝                    556
台积电                  470
三星                    467
三菱电机                420
松下                    356
住友电气                355
克里公司                341
富士通                  327
日立                    323
英飞凌                  317
西安电子科技大学        312
电装                    303
应用材料公司            285
富士电机                226
INTEL                  226
中科院半导体所          214
东京毅力科创株式会社    212
中科院微电子所          199
```

申请量/件

图 3-1-4 碳化硅制备技术主要申请人排名

金刚石的过程中观察到碳化硅多晶相以来，碳化硅单晶的发展经历了一个漫长曲折的过程。1893 年，Acheson 将石英砂、焦炭、少量木屑以及氯化钠（NaCl）的混合物放在电弧炉中加热到 2700℃，最终获得了碳化硅鳞片状单晶。这种方法主要用于制作碳化硅磨料，无法满足半导体要求。如图 3-1-5（见文前彩插第 5 页）所示，主要从设备和方法两个维度来对碳化硅单晶生长技术的发展路线演化进行说明。

（1）碳化硅单晶生长设备

1955 年，Lely 首先在实验室用升华法成功制备出了碳化硅单晶❶。他将碳化硅粉料放在石墨坩埚和多孔石墨管之间，通入惰性气体（通常用氩气），在压力为 1 个标准大气压条件下，加热至约 2500℃的高温，碳化硅粉料升华分解为 Si、SiC_2 和 Si_2C 等气相组分，在生长体系中温度梯度产生的驱动力下，气相组分在温度较低的多孔石墨管内壁上自发成核，生成片状碳化硅晶体。这种方法奠定了毫米级碳化硅单晶生长的工艺基础，该专利公开号为 US2854364A，申请日为 1955 年 3 月 7 日，优先权为 NL346864XA（1954 年 3 月 19 日）。

1978 年，Tairov 和 Tsvetkov❷ 成功把 Lely 法与籽晶、温度梯度等其他晶体生长技术

---

❶ LELY J A. Darstellung von einkristallen von silicium carbid und beherrschung von art und menge der eingebauten verunreinigungen (in German). Ber. Deut. Keram. Ges., 1955 (32): 229-233.

❷ TWIROV Y M, TSVETKOV V F. Investigation of growth process of ingots of silicon carbide single crystals [J]. J. Cryst. Growth, 1978 (43): 209-212.

研究中经常考虑的因素巧妙地结合在一起，创造出改良的碳化硅晶体生长技术。物理气相传输（PVT）法是目前商品化碳化硅晶体生长系统的主要方法。UNIV DRESDEN TECH 作为申请人于 1983 年申请了专利 DD224886A1，优先权 SU1983003672132（1983 年 6 月 30 日）；2010 年，Ⅱ～Ⅵ有限公司提出了物理气相传输生长系统，涉及专利 WO2010111473A1，申请日为 2010 年 3 月 25 日，包括隔开的碳化硅原材料和籽晶。

为了改善结晶品质并提高成品率，1994 年，日本三菱公司提出了一种半导体单晶成长装置（JPH08059386A，申请日 1994 年 8 月 22 日），炉体内具有内坩埚和外坩埚构成的双重坩埚，在同轴配置的双重坩埚的空隙处配置有逆圆锥筒状的整流盖板，其能抑制单晶生长用溶液附近一氧化碳（CO）气体的停留。1998 年，日本住友公司提出了一种制造碳化硅单晶的方法的装置（JPH11199396A，申请日 1998 年 1 月 19 日），包括 Si 设置部分、籽晶设置部分和合成容器，其能获得大尺寸、高质量的碳化硅单晶，且生长速度快。2016 年，LG 公司提出了碳化硅单晶生长装置安装熔体坩埚内（KR1020170105349A，2016 年 3 月 9 日）。

使用升华法制备碳化硅单晶，1995 年，欧洲西门子公司提出了一种使用升华法来生产碳化硅单晶的方法与设备（WO9617113A1，申请日 1995 年 11 月 14 日），其反应室由一个不透气的隔墙所围绕，隔墙上的碳化硅至少有一部分会被升华，并在晶核上生长而成碳化硅单晶体。2001 年日本普利司通公司提出了一种升华法生产碳化硅单晶的方法（JP2002255693A，申请日 2001 年 4 月 10 日），碳化硅单晶具有大直径在介电击穿性能优良，耐热性，耐辐射。2009 年，Ⅱ-Ⅵ有限公司提出了一种轴向梯度传输晶体生长装置，应用于碳化硅的升华生长（WO2010077639A2，申请日 2009 年 12 月 8 日），减小或消除生长室中的辉光放电。

使用气相沉积法制备碳化硅单晶，1996 年，西门子公司提出了一种通过化学气相淀积生产碳化硅的方法和装置（EP787822A1，申请日 1996 年 1 月 30 日），基底上通过 CVD 从过程气流中离析出碳化硅。2003 年，诺斯泰尔股份公司提出另一种通过气相淀积制备单晶的设备和方法（EP1471168A1，申请日 2003 年 4 月 24 日），减少晶体生长表面下游的固相淀积速率。

（2）碳化硅单晶生长方法

通过改进升华方法提高生长率，1987 年，北卡罗来纳州大学公开了一种形成大器件的单晶碳化硅（WO8904055A1，申请日 1987 年 10 月 26 日），通过特定的籽晶生长表面和控制源材料与籽晶之间的热梯度，从而改进了升华工艺。1998 年，科锐公司提出了一种氮化铝-碳化硅合金块状单晶的制备方法（WO0022203A2，申请日 1998 年 10 月 9 日），在晶体生长室中升华固态源材料或注射源气体，可以生长分立的单晶和包含始自许多成核点的共联晶体部分的片状晶体。2005 年，科锐公司提出了一种低基面位错块体生长的碳化硅晶片（WO2006135476A1，申请日 2005 年 6 月 8 日），在籽晶升华生长系统中低基面位错块体生长的高质量碳化硅单晶晶片。2007 年，科锐公司提出一种无微管单晶碳化硅制备方法（WO2008033994A1，申请日 2007 年 9 月 13 日），通过将源材料和晶籽固定器上的晶籽材料放置在升华系统的反应坩埚中生长碳化硅。2015

年，电装和昭和电工提出升华法使碳化硅单晶进行结晶生长（WO2017057581A1，申请日 2015 年 9 月 30 日），能够抑制多型的发生得到极低电阻的 p 型 4H – SiC 单晶。

通过改进籽晶提高单晶质量，1996 年，电装公司提出一种在籽晶上生产单晶的方法（JPH09268096A，申请日 1996 年 3 月 29 日），籽晶上除了晶体生长的一面上之外覆盖有保护层，能使晶体稳定形成并且能防止在该籽晶有温度梯度和质量转移。2001 年，电装公司提出在籽晶的 n 生长表面生产微管缺陷少的碳化硅单晶方法（JP2003119097A，申请日 2001 年 10 月 12 日）。2002 年，新日铁住金株式会社提出了一种用于制造碳化硅单晶的籽晶（JP2003300796A，申请日 2002 年 4 月 4 日），具有一特定角度倾斜的单晶生长面，能防止微管缺陷。2004 年，电装公司提出重复 a 面法（JP2004323348A，申请日 2004 年 4 月 8 日），碳化硅单晶在偏移角度小于 60 度的籽晶生长面进行生长。

使用溶液生长制备碳化硅，2010 年，住友公司提出熔液生长法获得碳化硅单晶晶片及其制造方法（WO2011024931A1，申请日 2010 年 8 月 27 日）。2011 年，丰田和新日铁住金公司提出在石墨坩埚内的硅熔液内维持从内部到熔液面温度降低的温度梯度、一边以接触该熔液面的碳化硅籽晶为起点使碳化硅单晶生长（WO2012127703A1，申请日 2011 年 7 月 27 日）。2017 年，LG 公司提出可以用溶液中生长形成碳化硅单晶（WO2018062689A1，申请日 2017 年 8 月 2 日）。

改进气相运输法制备，2003 年，电装公司提出通过加热原材料气体制造碳化硅单晶的方法（JP2004311649A，申请日 2003 年 4 月 4 日）。2013 年，康宁公司提出一种通过气相运输到晶种上来形成碳化硅晶体的方法（WO2014123635A1，申请日 2013 年 10 月 18 日）。

3.1.5 外延生长技术发展路线

外延生长是指在单晶衬底（基片）上生长一层有一定要求、与衬底晶向相同的单晶层，犹如原来的晶体向外延伸了一段。外延生长技术发展于 20 世纪 50 年代末 60 年代初。当时，为了制造高频大功率器件，需要减小集电极串联电阻，又要求材料能耐高压和大电流，因此需要在低阻值衬底上生长一层薄的高阻外延层。外延生长的新单晶层可在导电类型、电阻率等方面与衬底不同，还可以生长不同厚度和不同要求的多层单晶，从而大大提高器件设计的灵活性和器件的性能。

涉及碳化硅的外延生长技术路线主要从设备和方法两个维度来对技术发展路线演化进行说明：

（1）碳化硅外延生长方法

碳化硅外延生长方法主要集中于化学气相沉积，夏普公司提出 CVD 法在硅衬底上制作碳化硅单晶的方法（JPS59203799A，申请日 1983 年 4 月 28 日）。俄亥俄航空及航天研究所提出，控制杂质进入化学气相淀积工艺所生长的晶体的数量的方法（US5463978A，申请日 1994 年 1 月 12 日）。科锐公司提出一种改良的化学气相沉积方法（US6063186A，申请日 1997 年 12 月 17 日），该方法能增强碳化硅外延层的均匀性；应用材料公司提出碳化矽层之双频电浆激发化学气相沉积（US20030008069A1，申请日 2000 年 9 月 12 日）。康宁公司提出一种在温壁 CVD 系统中于碳化硅衬底上形成外延碳化硅膜的方法（WO2014145286A1，申请日2014年3月14日）。

使用液相外延方法，日本关西学院提出液相外延法生产碳化硅单晶，没有微晶边界（WO02099169A1，申请日2001年6月4日）。

产生外延的基底逐步使用碳化硅晶片，高级技术材料公司提出在沿方向切割的基片上生长的碳化硅外延层（WO0079570A2，申请日1999年6月24日）。电力中央研究所提出在碳化硅单晶基片上生长碳化硅结晶时闭塞中空缺陷的方法（WO03078702A1，申请日2003年3月19日）。昭和电工、产业技术综合研究所、电力中央研究所提出外延碳化硅单晶衬底包括将c面或以大于0度小于10度的倾斜角度使c面倾斜得到的面作为主面的碳化硅单晶晶片（WO2009035095A1，申请日2008年9月12日）。三菱公司提出表面平坦性极其良好且在外延生长后缺陷显著低密度的碳化硅外延晶片的制造方法（WO2011142074A1，申请日2011年3月18日）。昭和电工提出p型碳化硅外延晶片的制造方法（WO2018123534A1，申请日2016年12月28日）。昭和电工、电装公司提出碳化硅外延晶片具有碳化硅单晶衬底的主表面具有开关0.4°~5°的角度设置在碳化硅外延层单晶衬底（WO2018131449A1，申请日2017年1月10日）。

涉及晶体生长表面处理工艺，科锐公司提出用于晶体生长的碳化硅表面的制备方法（WO9106116A1，申请日1989年10月13日）。夏普公司提出具有光滑表面的碳化硅单晶生成方法（JPH04214099A，申请日1991年3月25日）。

涉及降低缺陷率提高质量的手段，科锐公司提出在离轴衬底上制造单晶碳化硅外延层的方法（WO2005093137A1，申请日2004年3月1日）。三星公司提出一种在单晶半导体上选择性形成外延半导体层的方法（KR1020050119991A，申请日2004年6月17日）。IBM、三星和英飞凌公司提出双嵌入外延生长半导体处理中的应力优化（US20100197093A1，申请日2009年2月5日）。

（2）碳化硅外延生长设备

涉及化学气相沉积的设备，NEC公司使用用于使用在外延晶体生长的装置（JPH05243166A，申请日1992年2月26日）。ABB公司使用通过CVD法外延生长碳化硅的物体的装置（EP835336A1，申请日1995年6月26日）。先进半导体材料公司使用一种改进的化学蒸气沉积反应室（WO9706288A1，申请日1996年4月15日）。科锐公司使用碳化硅薄膜的基座设计（US20080257262A1，申请日1997年3月24日）。CVD公司使用一种化学气相淀积装置（WO9953117A2，申请日1999年4月14日）。三菱住友硅晶株式会社使用用于外延生长设备和方法中的基座（WO03060967A1，申请日2001年12月21日）。科锐公司使用用于控制沉积系统中沉积物形成之方法与装置（WO2005028701A2，申请日2003年4月16日）。

涉及液相沉积的设备，三菱、住友公司通过液相外延（LPE）法在直径2英寸以上的大面积碳化硅基板上稳定地形成碳化硅外延膜的装置（WO2010024390A1，申请日2009年8月28日）。

3.1.6 技术生命周期分析

图3-1-6示出了碳化硅制备技术生命周期。自1922年开始，碳化硅制备技术开

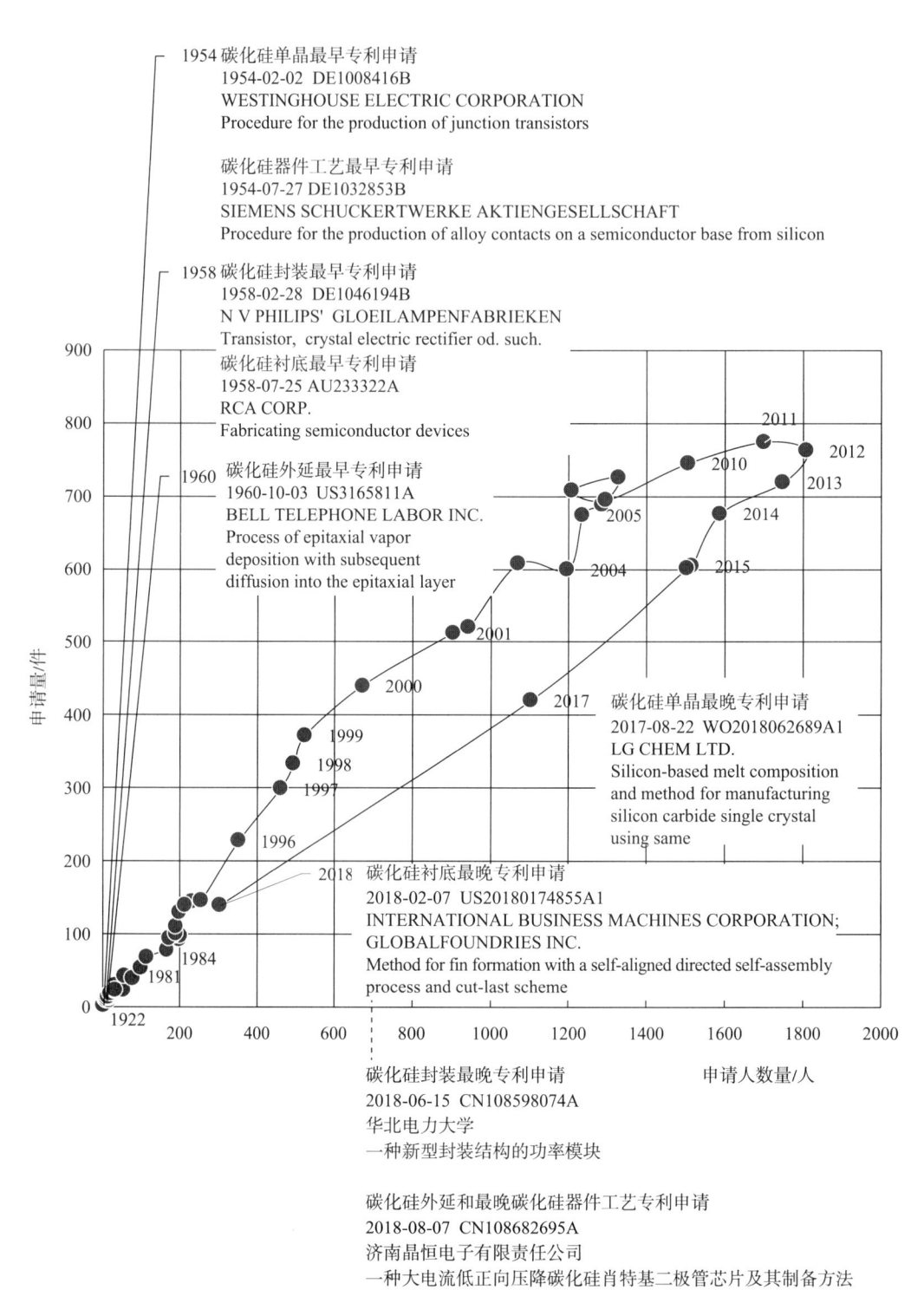

1954 碳化硅单晶最早专利申请
1954-02-02 DE1008416B
WESTINGHOUSE ELECTRIC CORPORATION
Procedure for the production of junction transistors

碳化硅器件工艺最早专利申请
1954-07-27 DE1032853B
SIEMENS SCHUCKERTWERKE AKTIENGESELLSCHAFT
Procedure for the production of alloy contacts on a semiconductor base from silicon

1958 碳化硅封装最早专利申请
1958-02-28 DE1046194B
N V PHILIPS' GLOEILAMPENFABRIEKEN
Transistor, crystal electric rectifier od. such.

碳化硅衬底最早专利申请
1958-07-25 AU233322A
RCA CORP.
Fabricating semiconductor devices

1960 碳化硅外延最早专利申请
1960-10-03 US3165811A
BELL TELEPHONE LABOR INC.
Process of epitaxial vapor deposition with subsequent diffusion into the epitaxial layer

碳化硅单晶最晚专利申请
2017-08-22 WO2018062689A1
LG CHEM LTD.
Silicon-based melt composition and method for manufacturing silicon carbide single crystal using same

碳化硅衬底最晚专利申请
2018-02-07 US20180174855A1
INTERNATIONAL BUSINESS MACHINES CORPORATION; GLOBALFOUNDRIES INC.
Method for fin formation with a self-aligned directed self-assembly process and cut-last scheme

碳化硅封装最晚专利申请
2018-06-15 CN108598074A
华北电力大学
一种新型封装结构的功率模块

碳化硅外延和最晚碳化硅器件工艺专利申请
2018-08-07 CN108682695A
济南晶恒电子有限责任公司
一种大电流低正向压降碳化硅肖特基二极管芯片及其制备方法

图3-1-6 碳化硅制备技术生命周期

始被人们关注。1922～1957年，该领域的申请量一直为个位数，技术关注度不高，在该时期，人们对碳化硅单晶和碳化硅器件工艺开始进行研究。1958年，随着对碳化硅封装和衬底的研究，申请量和申请人开始增加，但一直到1984年，年申请量才突破100件，参与的申请人不足200位。因此，1984年之前，可以视作技术萌芽阶段。从1985年开始，申请量开始迅速增长，大量申请人开始涉足该领域，一直到2011年，申请人和申请量全部达到峰值，这个阶段技术呈现快速增长的趋势。从2011年开始，申请量出现缓慢下降趋势，尤其是2012年之后，申请人、申请量都处于下降趋势，碳化硅制备技术进入技术成熟期。

3.2 碳化硅器件技术分析

3.2.1 专利申请趋势

图3-2-1示出了碳化硅器件全球、美国、中国专利申请趋势。从碳化硅器件技术全球、美国、中国的专利申请量趋势能够看出，在碳化硅器件技术领域，美国、中国的专利申请趋势与全球申请趋势基本一致。从申请量发展趋势来看，可以认为全球范围碳化硅器件技术专利申请经历了一个波动上升式的发展过程，大致可以分为以下三个阶段。

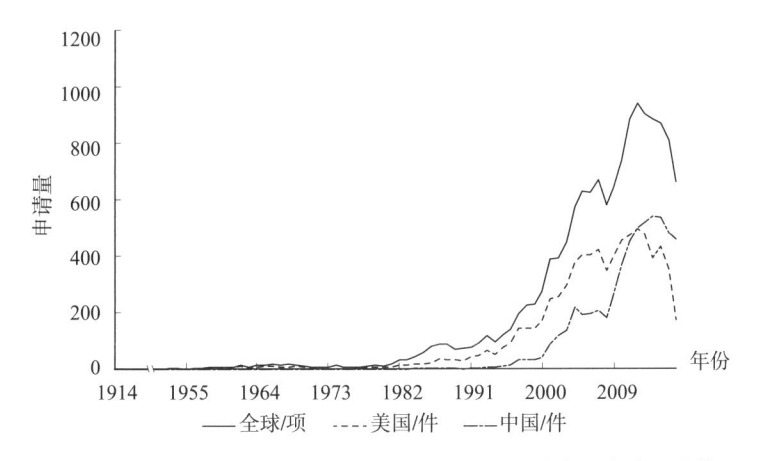

图3-2-1　碳化硅器件技术全球、美国、中国的专利申请量趋势

在1914～1981年，年申请量在20项以内。这一时期是碳化硅器件技术的萌芽期。在碳化硅器件技术发展初期，仅是个别申请人试探性地研究和专利申请，并没有形成规模，也没有进行持续性研发。这一时期的主要申请人来自美国和欧洲，主要是美国的通用电气和欧洲的飞利浦、西门子。1907年，美国电子工程师Round制造出第一支碳化硅发光二极管；1920年，碳化硅单晶作为探测器应用于早期的无线电接收机上；1914年，第一件碳化硅器件专利就是关于将碳化硅应用到无线通信中的波检测器中。但由于碳化硅单晶的生长技术难度高，碳化硅的发展曾一度停滞，而硅材料由于容易生长出高质量、大尺寸的单晶而得以迅速发展。1955年，飞利浦实验室的Jan Antony Lely发明了一种采用升华法生长高质量碳化硅的新方法，使碳化硅材料的研究再焕生机。20世纪60年代中期到70年代中期，碳化硅的研究主要在苏联进行。1978年，Tairov和Tsvetkov发明了改良的Lely法，可以获得较大尺寸的碳化硅晶体。这一发现，使碳化硅材料和器件的研究进入了新的历史阶段。1979年，第一支碳化硅蓝色发光二极管问世。

1982~2008年，由于20世纪70年代末期碳化硅制造工艺的改进，器件的研究进入了新的历史阶段，专利申请量也随之快速增长。这一时期为碳化硅器件的第一发展期。1991年，科锐公司采用升华法生长出商品化的6H-SiC单晶片，并在1994年获得4H-SiC单晶片。这一突破性进展引发了碳化硅器件及相关技术研究热潮。1995年之后碳化硅器件专利年申请量迅猛增长，其中1995~2005年申请量的年增长率达到17.7%。2006~2008年，受经济危机的影响，增长率放缓，年申请量保持在600项左右。在第一发展期，各国的创新主体最看重美国市场，积极在美国进行专利布局，全球申请有61.4%具有美国同族专利。在第一发展期，随着中国《专利法》在1984年颁布，这一年有3件碳化硅器件的专利申请。随着中国市场重要性的增长，各国的创新主体也开始积极在中国进行专利布局，全球申请有23.9%具有中国同族专利。

2009年至今，碳化硅器件专利申请进入新的增长期。近十年来，随着碳化硅单晶生长技术不断进步，单晶直径已经达到6英寸，晶体缺陷密度不断下降，如4英寸单晶微管密度小于$0.1cm^{-2}$，穿透性螺位错和基平面位错密度控制在$102cm^{-2}$量级。单晶生长技术的进步促进了碳化硅功率器件的研制，各种器件不断投放市场，目前市场可用的以碳化硅材料为衬底的器件包括AlGaN/GaN/SiC HEMT器件、SBD、MOSFET等。从近年碳化硅市场井喷式发展可以预见，未来碳化硅单晶及相关器件在半导体市场上将占有重要的地位。在这一时期，以中芯国际为代表的中国企业与以西安电子科技大学为代表的高校和科研院所开始积极在碳化硅器件领域进行技术研发和专利布局，中国专利申请量迅猛增长，并于2012年超过美国成为全球年申请量最大的国家。

3.2.2 主要国家/地区专利布局对比

为了研究碳化硅器件技术的区域分布情况、主要技术来源、重要目标市场，本小节对采集到的碳化硅器件技术专利数据样本按申请所在国家、地区或组织进行了统计。从图3-2-2来看，全球范围内碳化硅器件技术专利申请国家/地区比较集中，来自美国、中国、日本、中国台湾和韩国的专利申请占全球申请总量的76.4%，在全球14743项碳化硅器件专利技术中，美国以3540件申请量、占总申请量24.0%的比例排名首位；中国以3311件的申请量排名第二位，占总申请量的22.5%；日本以2784件的申请量排名第三位，占总申请量的18.9%，中国台湾886件、韩国746件分别排名第四位、第五位，各占总申请量的6.0%和5.1%。前五位申请国家/地区除了美国以外都是亚洲国家/地区，这充分印证了目前全球半导体产业以美国和亚洲为重心，碳化硅器件制造、研发在全球占据重要地位。

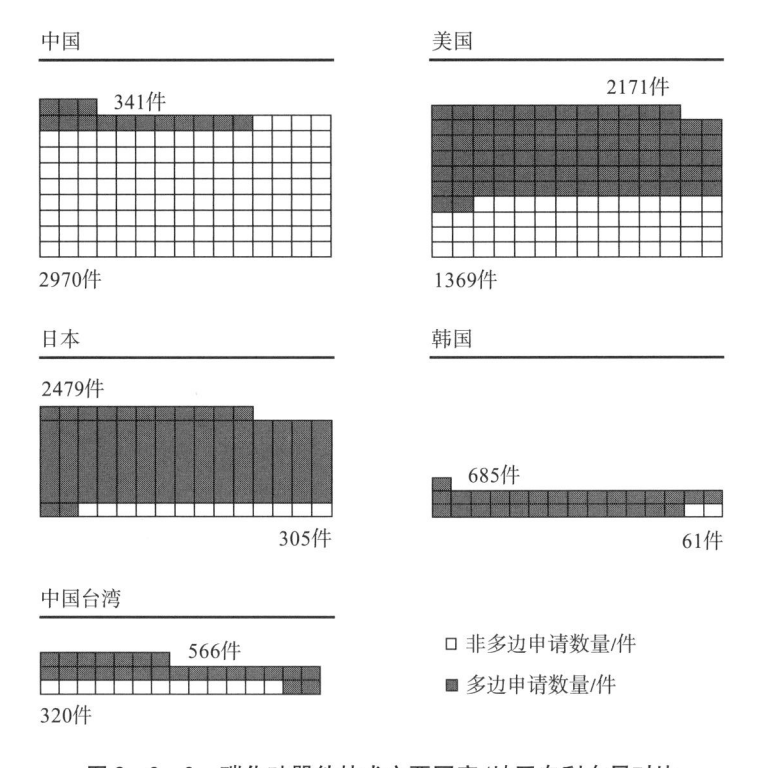

图 3-2-2　碳化硅器件技术主要国家/地区专利布局对比

从多边申请量的占比来看，美国有 2171 件多边申请，占其总申请的 61.3%；中国有 341 件多边申请，占其总申请量的 10.3%；日本有 2479 件多边申请，占其总申请量的 89.4%；中国台湾的多边申请量为 566 件，占其总申请量的 63.9%；韩国的多边申请量为 685 项，占其总申请量的 91.8%。由以上可知，我国专利数量虽然众多，但是主要集中在国内，海外专利申请较少，在海外市场面临较大的专利风险；而美国、日本和韩国的多边申请占比较高，都在 60% 以上，日韩两国甚至接近或者达到了 90%。这表明它们除了本国外，非常注重海外市场的申请，可以为拓展海外市场业务的健康发展和市场占有提供有力的保障。

3.2.3　主要申请人分析

图 3-2-3 示出了碳化硅器件技术全球主要申请人排名。排名前五位的申请人依次为美国的 IBM（487 项，占总申请量的 3.3%），中国的中芯国际（380 项，占总申请量的 2.6%），日本的三菱电机（339 项，占总申请量的 2.3%），日本的东芝（311 项，占总申请量的 2.1%），美国的科锐（299 项，占总申请量的 2.0%）。排名前二十的申请人的申请总量占全部申请量的 29.8%。由此可见，在碳化硅器件技术领域，各主要申请人还未形成集中优势，众多申请人都在这一领域投入力量积极进行研发，我国申

请人在这一领域还大有可为。在前20位申请人中,美国有3位申请人,中国有4位申请人,日本有10位申请人,韩国有1位申请人,中国台湾有1位申请人。总体来说,日本在碳化硅器件技术领域已经形成了规模效应,有大量申请人投入这一领域;美国和中国是这一领域的重要研发力量,美国企业仍然掌握着这一领域的先进技术。尽管中国申请量不少,仅有中芯国际1家企业进入申请量前二十位,另外3位申请人都是高校和科研院所,而前20位申请人中其他国家/地区的申请人均为企业。这表明,在其他国家/地区企业已经成为这一领域的创新主体;在中国,高校和科研院所还是重要的研发力量,产业化程度还很低。韩国和中国台湾都仅有1家龙头半导体企业进入前20位。

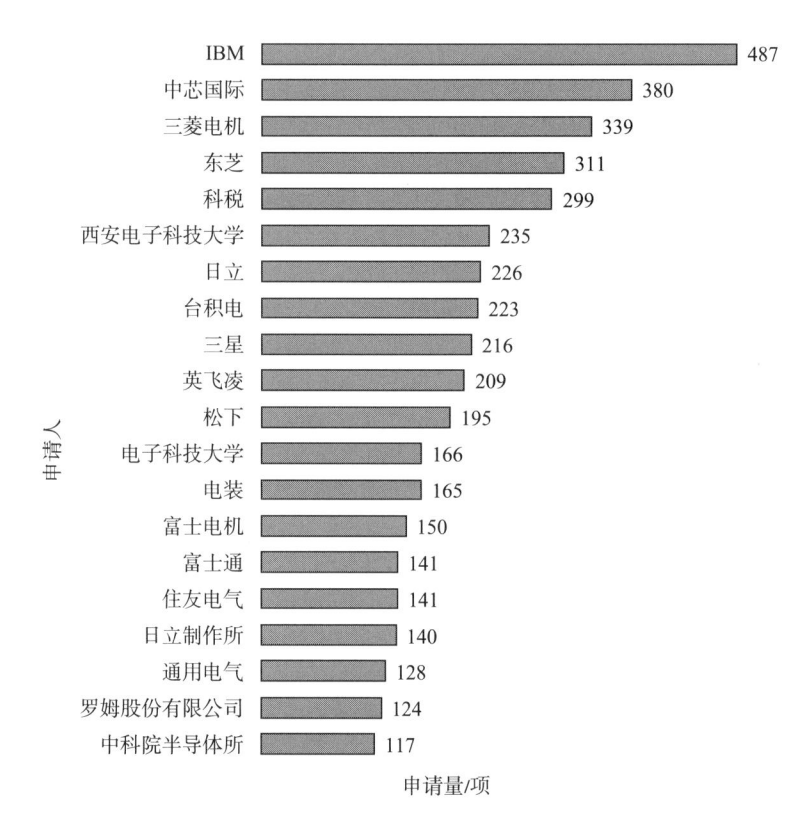

申请人	申请量/项
IBM	487
中芯国际	380
三菱电机	339
东芝	311
科锐	299
西安电子科技大学	235
日立	226
台积电	223
三星	216
英飞凌	209
松下	195
电子科技大学	166
电装	165
富士电机	150
富士通	141
住友电气	141
日立制作所	140
通用电气	128
罗姆股份有限公司	124
中科院半导体所	117

图 3-2-3 碳化硅器件技术主要申请人专利排名

3.2.4 碳化硅 IGBT 技术发展路线

绝缘栅双极型晶体管(Insulated Gate Bipolar Transistor,IGBT)是由双极型三极管(BJT)和绝缘栅型场效应管(MOS)组成的复合全控型电压驱动式功率半导体器件,兼有 MOSFET 的高输入阻抗和功率晶体管(GTR)的低导通压降两方面的优点。IGBT综合了以上两种器件的优点,驱动功率小且饱和压降低。而碳化硅功率元器件的开关特性优异,可处理大功率高速开关,开关损耗非常小。碳化硅 IGBT 器件的技术演进主要涉及元胞改进、终端改进、模块改进等方面。

（1）涉及元胞改进，日立公司提出功率半导体器件 - 集电极（CN101140953A，申请日1999年12月9日）；科锐公司提出具有碳化硅钝化层的碳化硅双极结型晶体管及其制造方法 - 钝化（CN1992337A，申请日2005年12月22日）；英飞凌公司提出反向 - 导热绝缘栅双极晶体管 - 元胞结构（DE102005019178A1，申请日2005年4月25日）；科锐公司提出高功率绝缘栅双极晶体管（CN101501859A，申请日2007年6月18日）；科锐公司提出高电压绝缘栅双极型晶体管具有少数载流子的分流器（EP2438611A2，申请日2009年9月10日）；住友提出IGBT - 沟槽（CN102859698A，申请日2011年3月30日），可获得在不使元件区变得过窄的情况下能提高击穿电压；通用公司提出具有栅电极的碳化硅半导体器件（CN103443924A，申请日2012年3月27日）；电子科技大学提出一种 RC - LIGBT 器件及其制作方法（CN103413824A，申请日2013年7月17日），可以消除传统 RC - LIGBT 固有的负阻现象；英飞凌公司提出半导体器件和电路控制场效应晶体管的半导体器件（US20170170264A1，申请日2015年12月10日）；科锐公司提出垂直 FET 结构，具有碳化硅衬底（US20180204945A1，申请日2017年1月17日）。

（2）涉及终端改进，科锐公司提出高电压碳化硅半导体器件的环境坚固钝化结构（CN101356649A，申请日2005年6月29日）；丰田公司提出半导体装置（CN102017140A，申请日2008年5月8日），提高了散热效率和稳定性。

（3）涉及模块改进，富士公司提出了半导体装置，在碳化硅基底形成 IGBT 的复合开关（CN102782845A，申请日2011年4月15日）；三菱公司提出半导体装置以及半导体装置的制造方法（CN105900221A，申请日2015年2月6日），用以减少载流子陷阱；英飞凌公司提出电气组件包括绝缘栅双极型晶体管器件和宽能带隙晶体管装置（US20170366180，申请日2016年6月17日）。

3.2.5 技术生命周期分析

图 3 - 2 - 4 示出了碳化硅器件技术生命周期。自 1914 年开始，碳化硅器件技术开始被人们关注。一直到 1961 年，每年的申请量和申请人数量都为个位数，由于碳化硅单晶的生长技术难度高，碳化硅的发展曾一度停滞；1955 年，Lely 法的出现使碳化硅材料的研究再焕生机，每年的申请量和申请人数量有所增加，但是一直到 1981 年，每年的申请量在 20 件以内，这一时期为碳化硅器件技术的萌芽期。自从 20 世纪 70 年代末期改进 Lely 法的出现，碳化硅材料和器件的研究进入了新的阶段，碳化硅器件的年申请量和申请人数量都迅速增长。1991 年科锐公司生产出商品化的 6H - SiC 单晶片，并在 1994 年获得 4H - SiC 单晶片。这一突破性进展引发了碳化硅器件及相关技术研究热潮，年申请量和申请人数量都迅速破百，这表明这一时期是碳化硅器件的快速发展期，一直到 2008 年经济危机才有所放缓。2012 年之后年申请量和申请人数量变化幅度较小，这表明碳化硅器件技术已经逐渐进入成熟期。在这一时期中国申请人数量快速增加，成为重要的研发力量。

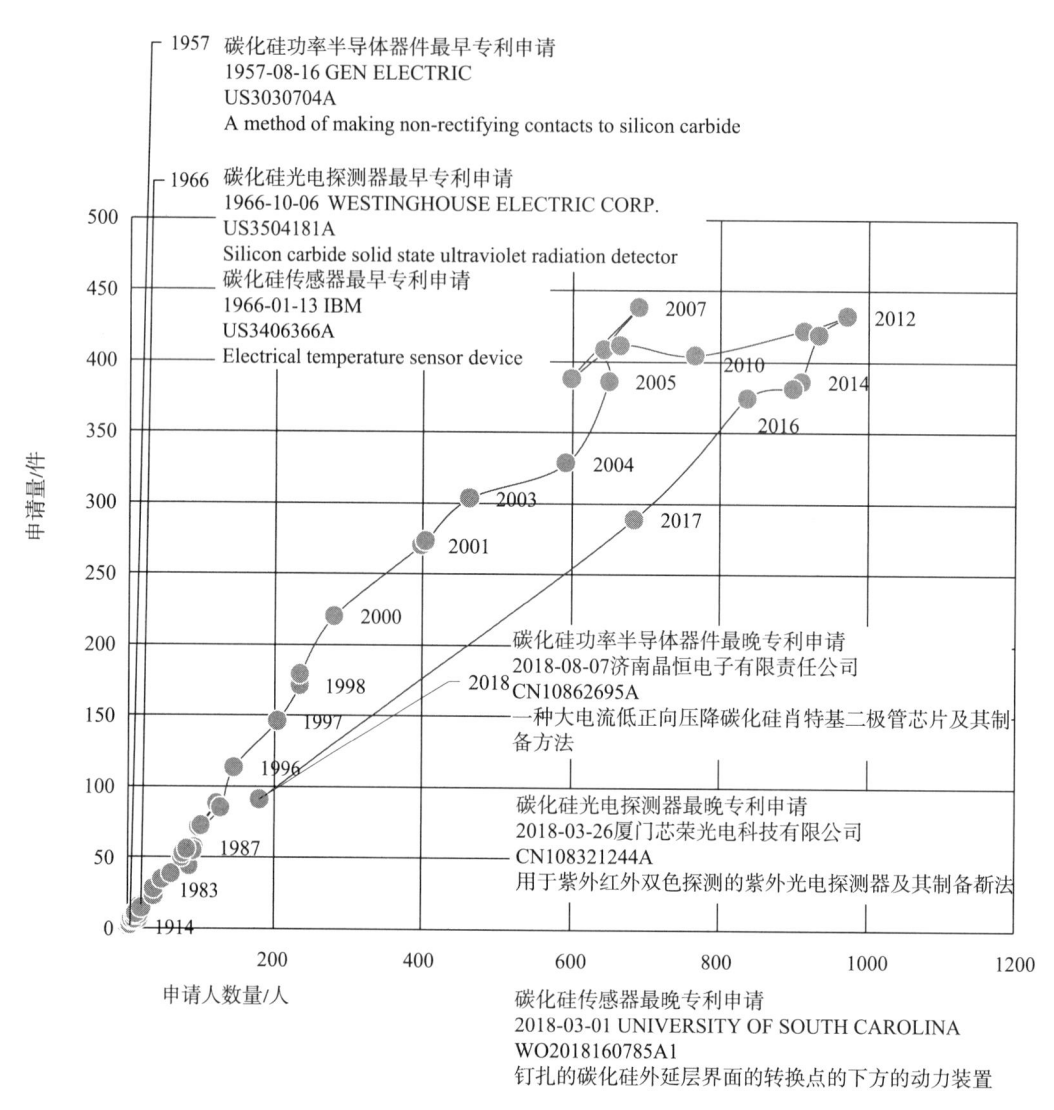

图 3-2-4 碳化硅器件技术生命周期

3.3 碳化硅应用技术分析

3.3.1 专利申请趋势

图 3-3-1 示出了碳化硅应用技术申请趋势,以碳化硅为代表的宽禁带半导体大功率电力电子器件是目前在电力电子领域发展最快的功率半导体器件之一。碳化硅材料以其优异的物理和化学特性决定了碳化硅基电力电子器件在高压、高温、高效率、高频率、抗辐射等应用领域具有极大的优势,极大地提高现有能源的转换效率。不仅能够在直流输电、交流输电、不间断电源、开关电源、工业控制等传统工业领域广泛应用,而且在太阳能、风能等新能源领域也具有广阔的应用前景。从申请量来看,碳

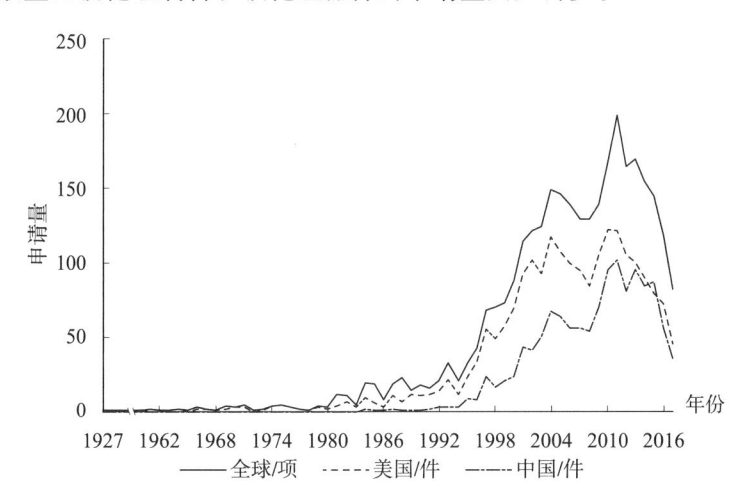

化硅应用的数量比碳化硅制备和碳化硅器件的申请量要少得多。

图3-3-1　碳化硅应用技术全球、美国、中国的专利申请量趋势

如图3-3-1所示,在碳化硅应用技术领域,美国、中国的专利申请趋势与全球申请趋势基本一致。从申请量发展趋势来看,可以认为全球范围碳化硅应用技术专利申请经历了一个波动上升式的发展过程,大致可以分为以下几个阶段。

在1927～1980年,年申请量都在个位数,甚至最大年申请量才5项,这一时期是碳化硅应用技术的萌芽期。在碳化硅应用技术发展初期,仅仅是个别申请人试探性地研究和进行专利申请,并没有形成规模,也没有进行持续性研发。这一时期的主要申请人来自美国和欧洲,主要是美国的西屋电气和欧洲的飞利浦与西门子。1981～1994年,年申请量进入了两位数,申请量缓慢增长。在这一时期,由于20世纪70年代末期碳化硅制造工艺的改进,应用的研究进入了新的阶段,专利申请量也随之快速增长,这一时期为碳化硅应用的第一发展期。1991年,科锐公司采用升华法生长出商品化的6H-SiC单晶片,并在1994年获得4H-SiC单晶片。这一突破性进展引发了碳化硅相关应用的研究热潮。1995年之后碳化硅应用专利年申请量迅猛增长,其中,1995～2004年近10年间的申请量的年增长率达到18.4%。2005～2009年,增长放缓,年申请量保持在140项左右。在这几个发展期中,各国的创新主体最看重美国市场,积极在美国进行专利布局,全球专利申请有73%具有美国同族专利。

2010年以后,电动汽车的产业化以及快速增长带动了碳化硅的应用。碳化硅器件比硅基MOSFET更快,比硅基晶闸管的功率更大,将器件容量扩展到几千伏和千安培,频率达到几百千赫兹。因此,碳化硅能应用于从低压到高压的各种情况。在中等电压范围,电动汽车或混合动力汽车、光伏逆变产业将成为碳化硅产业上升的生力军。在这一时期,中国市场日益受到重视,各大申请人继续在美国布局的同时也积极在中国进行专利布局。另外,涌现出更多的中国创新主体投入这一领域的研发,使得中国专利申请量迅猛增长。

3.3.2 主要国家专利布局对比

图 3-3-2 示出了碳化硅应用技术主要国家/地区专利布局情况。全球范围内碳化硅应用技术专利申请国家/地区比较集中，来自美国、日本、中国、韩国和中国台湾的专利申请占全球申请总量的 80.9%。在全球 3117 项碳化硅应用专利技术中，美国以 988 件的申请量、占总申请量 31.7% 的比例排名首位；日本以 874 件的申请量排名第二位，占总申请量的 28.0%；中国以 333 件的申请量排名第三位，占总申请量的 10.7%；韩国 214 件、中国台湾 113 件分别排名第四位、第五位，各占总申请量的 6.9% 和 3.6%。前五位申请国家/地区除了美国以外都是亚洲国家/地区，这充分印证了目前全球半导体产业以美国和亚洲为重心，是碳化硅应用领域的重要研发地。

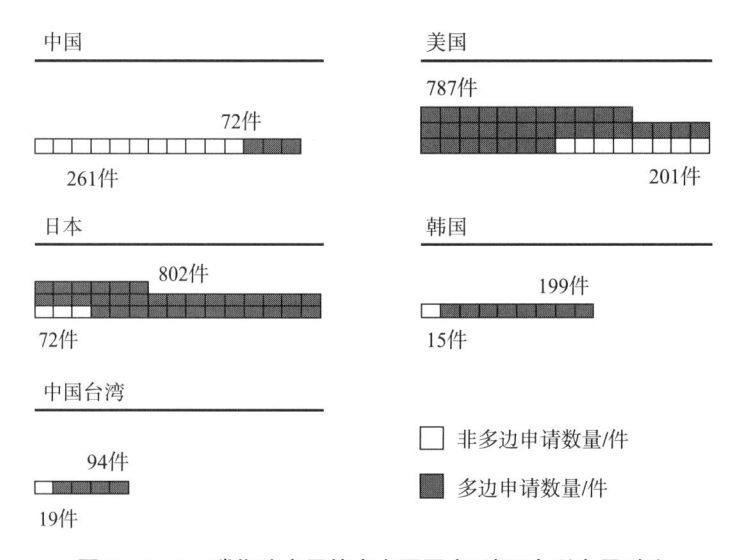

图 3-3-2 碳化硅应用技术主要国家/地区专利布局对比

从多边申请量的占比来看，美国有 787 件多边申请，占其总申请的 79.7%；日本有 802 件多边申请，占其总申请的 91.8%；中国有 72 件多边申请，占其总申请的 21.6%；韩国多边申请量为 199 件，占其总申请的 93.0%；中国台湾多边申请量为 94 件，占其总申请的 83.2%。由此可知，在申请量排名前五位的国家/地区中，除了我国以外都非常注重海外布局，多边申请占比基本上都在 80% 以上，可以为海外市场业务的健康发展和市场占有提供有力的保障。中国的多边申请量占比为 1/5，远远低于其他国家/地区，海外专利申请较少，很少进行海外布局，在海外市场面临较大的专利风险。这与我国申请人以高校和科研院所为主有关，专利转化薄弱需要我国企业加大研发投入，积极地"走出去"。

3.3.3 主要申请人分析

图 3-3-3 示出了碳化硅应用技术主要申请人排名情况。排名前五位的申请人依

次为日本的三菱电机（94 项，占总申请量的 3.0%）、美国的应用材料（86 项，占总申请量的 2.8%）、日本的东京毅力科创（82 项，占总申请量的 2.6%）、日本的日立（81 项，占总申请量的 2.6%）、美国的科锐（69 项，占总申请量的 2.2%），排名前20位的申请人的申请总量占总申请的 32.7%。由此可见，在碳化硅应用技术领域，主要申请人还未形成集中优势，各国家/地区的申请人都在这一领域投入力量积极进行研发，我国申请人在这一领域还大有可为。具体来说，在前 20 位的申请人中，日本申请人有 12 位，美国申请人有 4 位，欧洲申请人 2 位，中国申请人与韩国申请人各有 1 位。总体来说，日本在碳化硅应用技术领域已经形成了规模效应，有大量申请人投入这一领域；日本和美国是这一领域的主要研发力量，掌握这一领域的先进技术，这也与日美两国强大的电动车实力相符。尽管中国申请量不少，但是仅有 1 位申请人西安电子科技大学进入前 20 名，其他国家/地区的申请人均为企业。这表明，在其他国家/地区的企业已经成为这一领域的创新主体，而在中国，高校和科研院所还是重要的研发力量，产业化程度还很低。

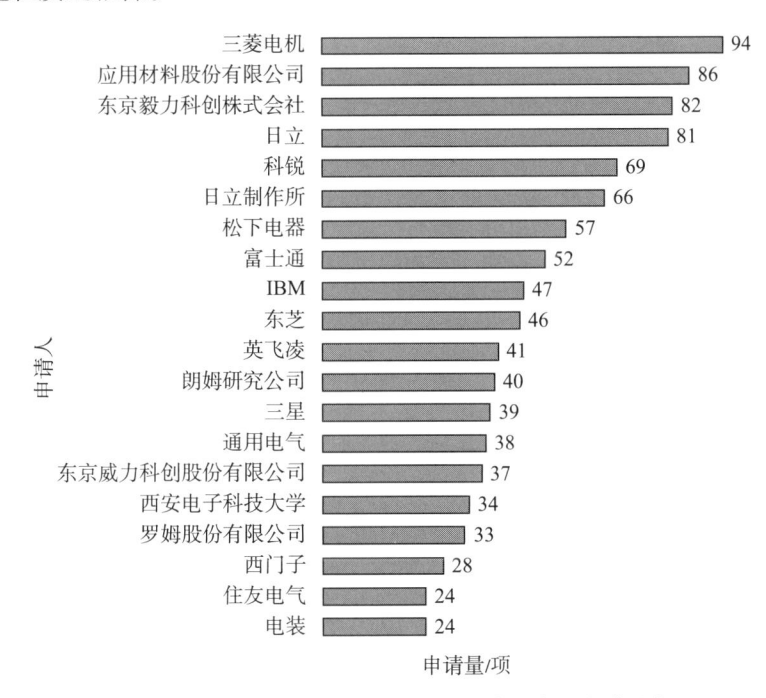

图 3-3-3 碳化硅应用技术主要申请人专利申请排名

3.3.4 技术生命周期分析

图 3-3-4 示出了碳化硅应用技术生命周期情况。自 1927 年开始，碳化硅应用技术开始被人们关注。一直到 1980 年，每年的申请量和申请人数量都为个位数，由于碳化硅单晶的生长技术难度高，碳化硅的发展曾一度停滞，这一时期为碳化硅应用技术的萌芽期。自从 20 世纪 70 年代末期改进 Lely 法的出现，碳化硅应用的研究进入了新的阶段，碳化硅应用的年申请量和申请人数量都迅速增长。1991 年科锐公司生产出商

品化的 6H–SiC 单晶片，并在 1994 年获得 4H–SiC 单晶片，这一突破性进展引发了碳化硅应用及相关技术研究热潮，1995 年之后年申请量和申请人数量迅速增加，并于 2000 年之后双双破百，表明这一时期是碳化硅应用的快速发展期。由于电池以及充电技术的限制，2005 年之后碳化硅应用发展缓慢，2010 年以后，电动汽车的产业化以及快速增长再次带动了碳化硅应用技术的发展。由于我国政策鼓励，这一阶段大量中国申请人开始积极进入这一领域。2012 年之后年申请量和申请人数量变化幅度较小，这表明碳化硅应用技术已经逐渐进入成熟期，目前鼓励新能源汽车发展的美国、日本和中国是主要的研发力量。

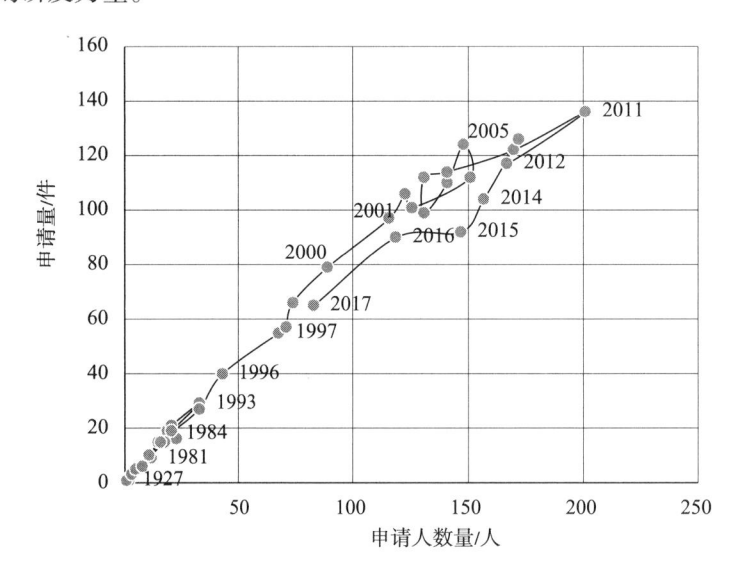

图 3–3–4　碳化硅应用技术生命周期

第4章 氮化镓关键技术专利分析

4.1 氮化镓制备技术分析

4.1.1 专利申请趋势

图4-1-1示出了氮化镓制备技术全球专利申请情况,氮化镓半导体材料申请总体上呈现不断增长的态势。大致可分为三个阶段,从出现氮化镓材料的1951年开始,一直到1986年为缓慢发展期,每年的申请量缓慢增长,最高申请量不足50项;从1987年开始,氮化镓的申请量开始增长,至1993年达到88项,年均增长率为6.6%;从1994年开始,申请量呈迅速增长态势,到2012年,申请量达到峰值2002项,该时期为快速发展期,年均增长率达到65%。从2013年开始,申请量呈缓慢降低态势,但申请量仍然处于高位,该时期为技术成熟期。

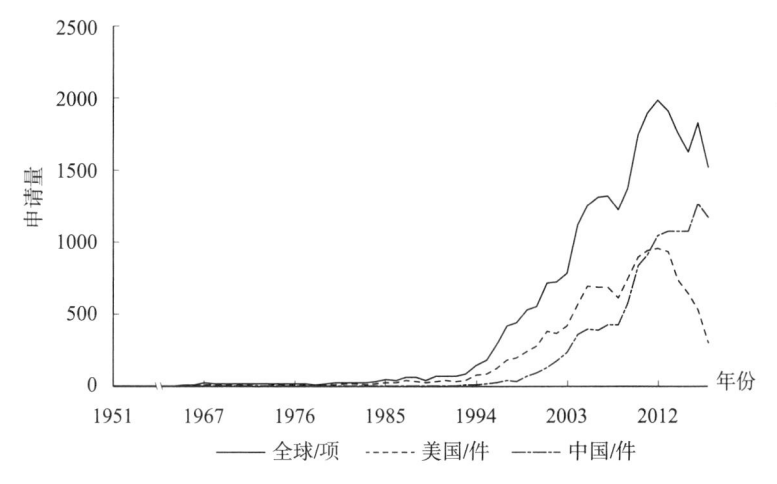

图4-1-1 氮化镓制备技术全球、美国、中国的专利申请量趋势

从国家申请趋势来看,美国在1951年提出了第一件申请,随后每年都有申请,而且申请量呈逐年递增态势。从1983年的12件,到2012年的峰值965件,年均增长率15.7%,可以看出,美国在此期间申请量增长明显。2012年之后,申请量略有下降,但每年的申请量仍处于较高的水平。相比较而言,中国第一件申请出现在1984年,比美国晚了33年,一直到1994年,年申请量均在个位数。从1995年开始,中国的申请量呈快速增长态势,从1995年的16件,到2016年的峰值1284件,年均增长率

23.2%，增长率远超过美国同期，可以看出在这个阶段，中国在氮化镓技术领域发展迅猛。而且在2012年，中国的申请量1053件，完成了对美国965件的超越。随后的几年，与美国的申请量呈下降趋势不同，中国的申请量一直保持稳定增长，这反映了我国在氮化镓领域的研究投入增大。

4.1.2 主要国家/地区专利布局对比

图4-1-2示出了氮化镓制备技术各分支主要国家/地区专利布局情况。可以看出，从中国各技术分支的申请量来看，申请量最大的是外延生长（4385件），其次是封装（996件），申请量最少的是异质衬底（527件）。中国在各技术分支都具有多边申请量，外延生长的多边申请量在总数上居第一。从多边申请量占比来看，外延生长多边申请量占全部申请量的7.7%，居第一；异质衬底多边申请量占比最小，仅占2.7%。从整体来看，中国申请多边申请量552件，仅占全部申请量的8.0%，占比较低，从而反映出我国企业仅重视国内市场，对国外市场不够重视，这将影响我国企业在全球市场的竞争力。

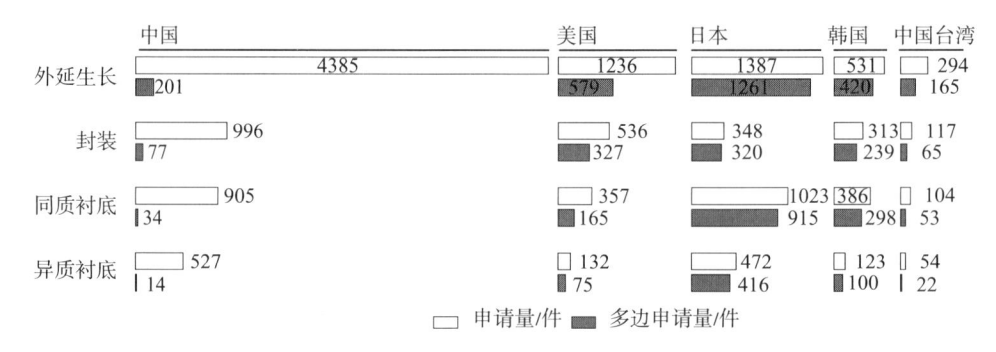

图4-1-2 氮化镓制备技术各分支主要国家/地区专利布局对比

从美国各技术分支的申请量来看，申请量最大的是外延生长（1236件），其次是封装（536件），申请量最少的是异质衬底（132件）。美国在各技术分支都具有多边申请量，外延生长多边申请量在总数上居第一。从多边申请量占比来看，封装多边申请量占全部申请量的61%，居第一，显示出美国在该技术分支上最注重全球布局。从整体来看，美国申请多边申请量2368件，占全部申请量的57.4%，占比很高，从而反映出美国企业不仅重视国内市场，还重视国外市场，提高了美国企业在全球市场的竞争力。

从日本各技术分支的申请量来看，申请量最大的是外延生长（1387件），其次是同质衬底（1023件），申请量最少的是封装（348件）。日本在各技术分支都具有多边申请量，且各技术分支的多边申请量占比相当高，外延生长、同质衬底、异质衬底、封装多边申请量的占比分别为91.0%、89.4%、88.1%、86.3%、92.0%。从整体来看，日本申请多边申请量3583件，占全部申请量的91.0%，占比不仅远超中国的8.0%，而且超过了美国的57.4%，从而反映出日本企业高度重视国外专利布局。

从韩国各技术分支的申请量来看，申请量最大的是外延生长（531件），其次是同质衬底（386件），申请量最少的是异质衬底（123件）。韩国在各技术分支都具有多边申请量，外延生长的多边申请量在总数上居第一位。在多边申请量占比来看，异质衬底申请量居第一位，占比为81.3%。可以看出韩国在异质衬底技术上，对全球市场进行了重点布局。从整体上来看，韩国多边申请量1623件，占全部申请量的83.0%，多边申请量占比仅次于日本，远超中国和美国，从而反映出韩国企业重视全球市场。

在中国台湾各技术分支的申请量来看，申请量最大的是外延生长（294件），其次是封装（117件），申请量最少的是异质衬底（54件）。中国台湾在各技术分支都具有多边申请量，外延生长的多边申请量在总数上居第一位。从多边申请量占比来看，外延生长多边申请量占全部申请量的56.1%，居第一位。从整体来看，中国台湾多边申请量880件，占全部申请量的65.6%，高于中国和美国，次于日本和韩国。

图4-1-3示出了氮化镓制备技术主要国家/地区专利布局情况，中国氮化镓的申请总量为6916件，但仅有522件为多边申请，仅占总量的7.5%；美国氮化镓的申请总量为4127件，其中2368件为多边申请，占总量的57.4%；日本氮化镓的申请总量为3926件，其中3583件为多边申请，占总量的91.3%；韩国氮化镓的申请总量为1956件，其中1623件为多边申请，占总量的83%；中国台湾氮化镓的申请总量为

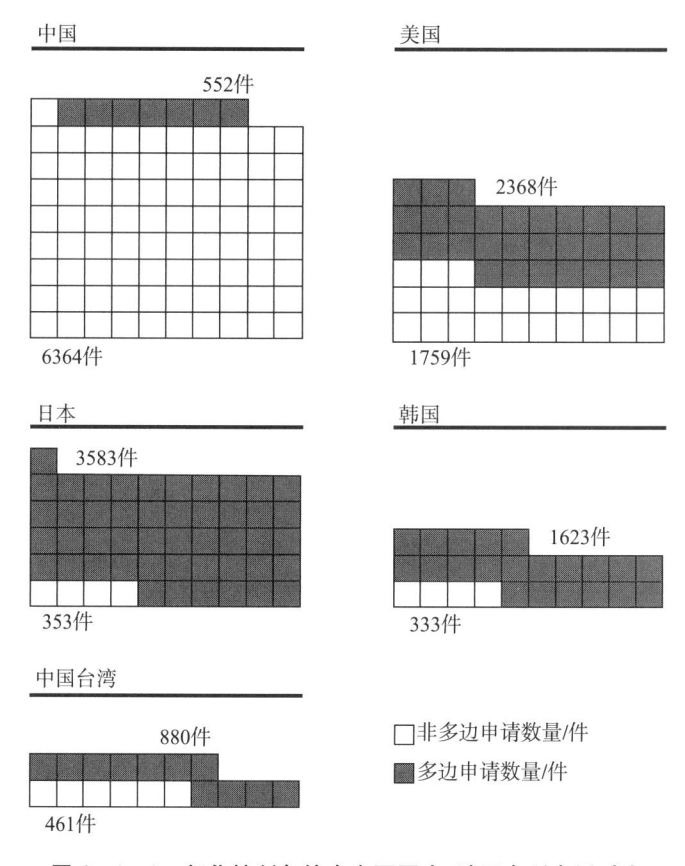

图4-1-3 氮化镓制备技术主要国家/地区专利布局对比

1341 件，其中 880 件为多边申请，占总量的 65.6%。由以上可知，我国专利数量虽然众多，但是主要集中于国内，海外专利申请较少，在海外市场面临巨大的专利风险；而美国、日本和韩国的多边申请较多，除了本国外，非常注重海外市场的申请，可以为开拓海外市场业务的健康发展提供有力的保障。

4.1.3 主要申请人分析

图 4-1-4 示出了氮化镓制备技术全球申请人排名情况。排名第一位的是日本的住友电器，其次是日本的东芝、韩国的三星，中国的中科院半导体所列第四位。排名前 20 位的申请人中，日本申请人的数量达到 11 位，占前 20 位申请人总量的 55%；中国的申请人为 3 位，占到前 20 位申请人总量的 15%；韩国、美国企业各两家，德国、中国台湾各一家。可以看出，在申请人数量来看，日本占据绝对优势。从各申请人的申请数量来看，申请量排名前 5 位的申请人中，日本和韩国各占据两席、中国占据一席，这说明氮化镓制备技术主要的研发力量集中在东亚地区。从企业发展来看，排名前 20 位申请人也主要是半导体产业的传统优势企业。

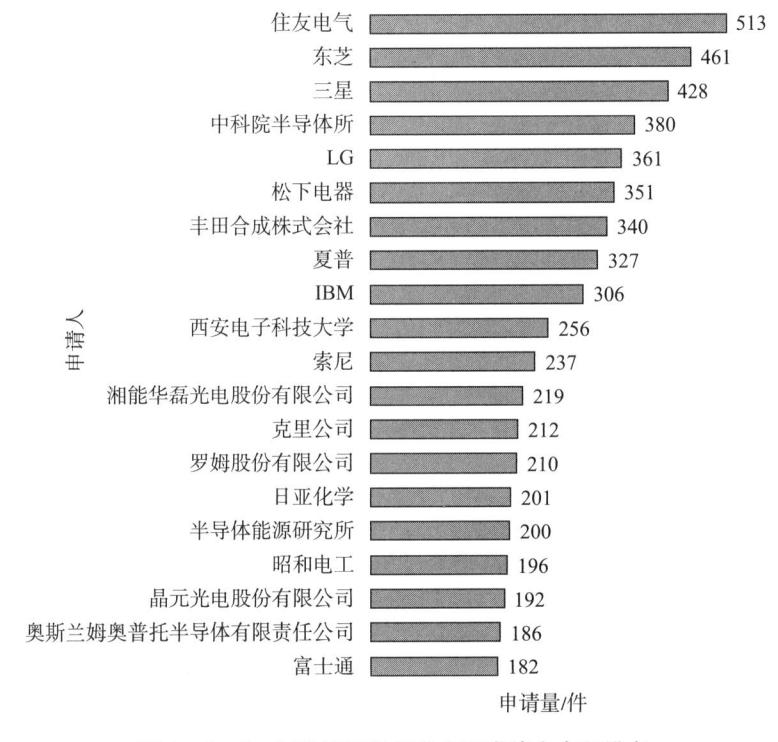

申请人	申请量/件
住友电气	513
东芝	461
三星	428
中科院半导体所	380
LG	361
松下电器	351
丰田合成株式会社	340
夏普	327
IBM	306
西安电子科技大学	256
索尼	237
湘能华磊光电股份有限公司	219
克里公司	212
罗姆股份有限公司	210
日亚化学	201
半导体能源研究所	200
昭和电工	196
晶元光电股份有限公司	192
奥斯兰姆奥普托半导体有限责任公司	186
富士通	182

图 4-1-4 氮化镓制备技术主要申请人专利排名

4.1.4 氮化镓技术发展路线

氮化镓具有大禁带宽度、高电子饱和速率、高击穿电场、较高热导率、耐腐蚀以及抗辐射性能等优点，采用氮化镓制作半导体材料可制备氮化镓半导体器件。如图 4-1-5所示，涉及氮化镓器件制备的技术演进主要从衬底技术、结构、设备等方面

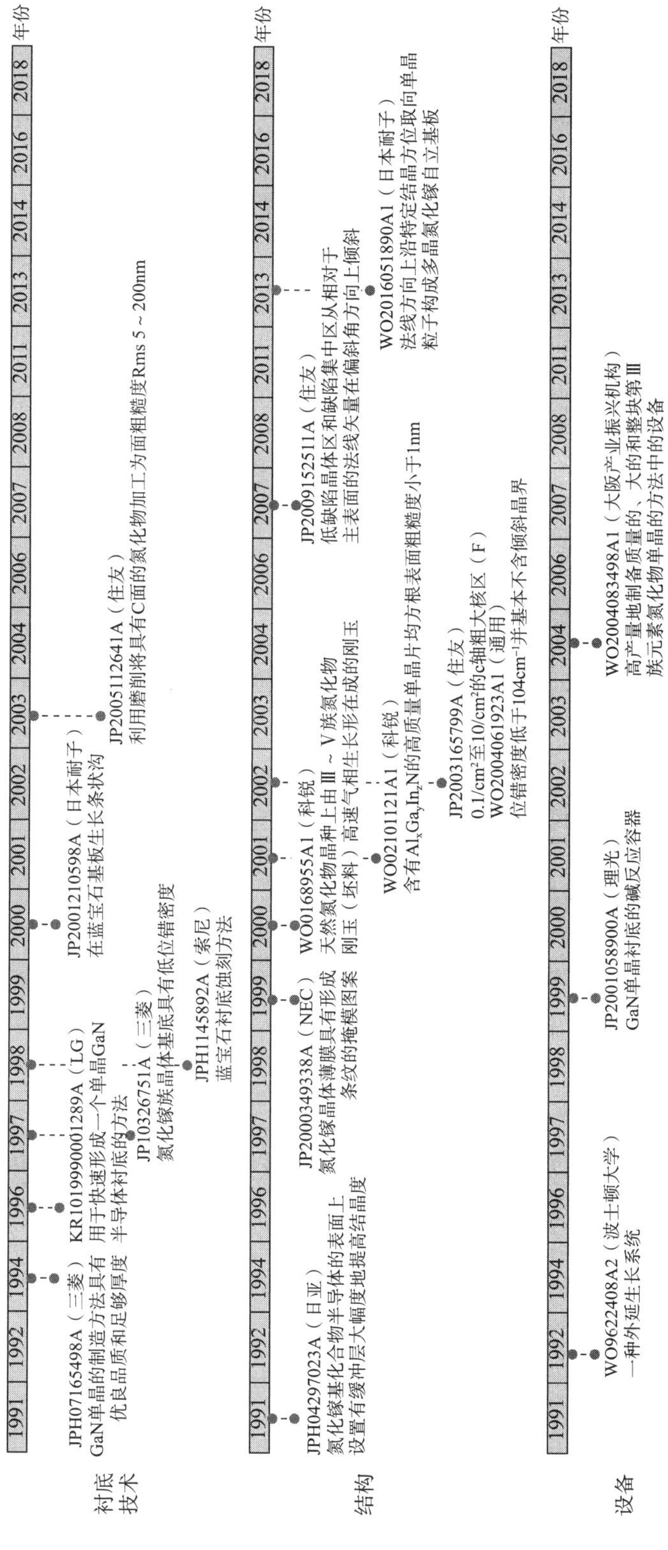
衬底技术
结构
设备
1991 1992 1994 1996 1997 1998 1999 2000 2001 2002 2003 2004 2006 2007 2008 2011 2013 2014 2016 2018
年份
JPH07165498A（三菱）
GaN单晶的制造方法具有优良品质和足够厚度
KR1019990001289A（LG）
用于快速形成一个单晶GaN半导体衬底的方法
JP10326751A（三菱）
氮化镓族晶体基底具有低位错密度
JPH1145892A（索尼）
蓝宝石衬底蚀刻方法
JP2001210598A（日本耐子）
在蓝宝石基板生长条状沟
JP2005112641A（住友）
利用磨削将具有C面的氮化物加工为面粗糙度Rms 5～200nm
JPH04297023A（日亚）
氮化镓基化合物半导体的表面上设置有缓冲层大幅度地提高结晶度
JP2000349338A（NEC）
氮化镓晶体薄膜具有形成条纹的掩模图案
WO0168955A1（科锐）
天然氮化物晶种上由Ⅲ～Ⅴ族氮化物刚玉（坯料）高速气相生长形成的刚玉
WO02101121A1（科锐）
含有$Al_xGa_yIn_zN$的高质量单晶片均方根表面粗糙度小于1nm
JP2003165799A（住友）
0.1/cm²至10/cm²的c轴粗大核区（F）
WO2004061923A1（通用）
位错密度低于104cm⁻¹并基本不含倾斜晶界
JP2009152511A（住友）
低缺陷晶体区和缺陷集中区从相对于主表面的法线矢量在偏斜角方向上倾斜
WO2016051890A1（日本耐子）
法线方向上沿特定结晶方位取向单晶粒子构成多晶氮化镓自立基板
WO9622408A2（波士顿大学）
一种外延生长系统
JP2001058900A（理光）
GaN单晶衬底的碱反应容器
WO2004083498A1（大阪产业振兴机构）
高产量地制备质量的、大的和整块第Ⅲ族元素氮化物单晶的方法中的设备

图4-1-5 氮化镓制备技术专利发展路线

进行说明。

(1) 氮化镓衬底技术

氮化物同质衬底，三菱公司提出氮化镓单晶的制造方法具有优良品质和足够厚度（JPH07165498A，申请日1994年3月31日）；LG公司提出用于快速形成一个单晶氮化镓半导体衬底的方法（KR1019990001289A，申请日1996年12月5日）；三菱公司提出具有低位错密度的氮化镓族晶体基底部件及其用途和制法（JP10326751A，申请日1997年10月24日）；住友公司提出氮化物半导体衬底利用磨削将在表面上具有C面的氮化物半导体衬底的表面加工为面粗糙度Rms 5nm～200nm（JP2005112641A，申请日2003年10月3日）。

涉及蓝宝石衬底改进，索尼公司提出蓝宝石衬底蚀刻方法（JPH1145892A，申请日1998年5月28日）；日本耐子提出条状沟被形成在蓝宝石基板作为外延生长的基材（JP2001210598A，申请日2000年11月13日）；

(2) 氮化镓器件结构

日亚化学提出氮化镓基化合物半导体的表面上设置有缓冲层（JPH04297023A，申请日1991年3月27日），故可以大幅度地提高结晶度；NEC公司提出氮化镓晶体薄膜具有一种用于形成条纹的掩模图案（JP2000349338A，申请日1999年6月22日）；科锐公司提出一种在天然氮化物晶种上由Ⅲ～V族氮化物刚玉（坯料）高速气相生长形成的刚玉（WO0168955A1，申请日2000年3月13日），由该刚玉可以得到用于制作微电子器件结构的晶片；科锐公司提出一种含有$Al_xGa_yIn_zN$的高质量晶片，在于均方根表面粗糙度小于1nm（WO02101121A1，申请日2001年6月8日）；住友公司提出一种低变形的氮化镓晶体衬底，其包括低位错单晶区（Z）、C面生长区（Y）、庞大缺陷积聚区（H）和$0.1/cm^2$至$10/cm^2$的c轴粗大核区（F）（JP2003165799A，申请日2002年8月8日）；通用公司提出一种氮化镓单晶，其直径至少约2.75毫米，位错密度低于约$104cm^{-1}$，并基本不含倾斜晶界（WO2004061923A1，申请日2002年12月27日）；住友提出氮化镓衬底（JP2009152511A，申请日2007年12月28日），低缺陷晶体区和缺陷集中区从主表面延伸到位于主表面的反向侧的后表面，面方向相对于主表面的法线矢量，在偏斜角方向上倾斜；日本耐子提出一种由在大致法线方向上沿特定结晶方位取向的多个氮化镓系单晶粒子构成的多晶氮化镓自立基板（WO2016051890A1，申请日2013年12月12日）。

(3) 氮化镓器件制备设备

波士顿大学提出一种外延生长系统，通过外部磁铁和/或出口孔径控制原子氮物质和离子氮物质的量达到衬底（WO9622408A2，申请日1992年3月18日）；理光公司提出一种制造块状晶体的氮化镓单晶衬底的一种碱反应容器（JP2001058900A，申请日1999年8月24日）；大阪产业振兴机构提出一种高产量地制备高质量的、大的和整块第Ⅲ族元素氮化物单晶的方法中的设备，将含氮气体通入反应器中由此使得在熔剂中的第Ⅲ族元素和氮互相反应（WO2004083498A1，申请日2004年3月15日）。

(4) 氮化镓外延生长

如图4-1-6所示，基于同质衬底生长，三星公司提出一种以高生长速率生长高质量氮化镓的膜的方法（KR1020000055374A，申请日1999年2月5日）；住友公司提出单晶体氮化镓的结晶成长方法，气相成长的成长表面（C面）不是平面状态，形成具有三维的小面结构（JP2001102307A，申请日1999年9月28日）；住友公司提出一种可以收取氧作为n型掺杂剂的氮化镓单晶的成长方法（JP2002373864A，申请日2002年3月18日）；法国国家科学研究中心提出通过在牺牲层上的异质外延制造包含第Ⅲ族氮化物的自承基材的方法（WO2005031045A2，申请日2003年9月26日）。

基于异质衬底生长，北卡罗来纳州立大学提出氮化镓层在蓝宝石基体上的悬挂外延生长（WO0137327A1，申请日1999年11月17日）；NEC和日立公司提出一种具有缺陷密度低、弯曲小的第Ⅲ族氮化物半导体衬底的制造方法（JP2003178984A，申请日2002年3月8日）；加州大学和独立行政法人科学技术振兴机构提出用于在斜切尖晶石衬底上生长平坦半极性氮化物薄膜的方法（JP2005522888A，申请日2003年4月15日）；应用材料公司提出具有高晶格失配的材料的异质外延生长（WO2015167682A1，申请日2014年8月14日）。

横向生长技术，丰田公司提出在底衬底上形成多个突起部，然后在凸起部上利用晶体横向生长的习性生长半导体晶体层（WO02064864A1，申请日2001年2月14日）；三星公司提出第一步在氮化镓衬底上形成凹凸部分，以及第二步以快致横向生长的氮化镓薄膜覆盖垂直生长的氮化镓薄膜的横向生长速度，在氮化镓衬底上形成氮化镓薄膜（KR1020020080743A，申请日2001年4月17日）。

气相沉积的改进，Technologies & Devices int inc提出一种改性HVPE方法用于达到低缺陷密度（WO03006719A1，申请日2001年7月6日）；应用材料公司提出利用MOCVD及HVPE抑制在Ⅲ~Ⅴ氮化物薄膜生长中的寄生微粒（US20070259502A1，申请日2006年5月5日）；加州大学提出使用有机金属化学气相沉积来生长诸如m-平面氮化镓磊晶层之平面、非极性m-平面第Ⅲ族氮化物材料之方法（WO2006130622A2，申请日2006年5月30日）；三菱公司提出利用HVPE制造具有较高热传导率之氮化镓系材料的方法（WO2007119319A1，申请日2007年3月6日）；加州大学提出利用MOCVD生长之氮面氮化镓薄膜之平滑、高品质薄膜的异质磊晶生长的方法（WO2008060349A2，申请日2007年9月14日）；应用材料公司提出通过混合气相外延工艺形成Ⅲ~Ⅴ族材料的方法（WO2009046261A1，申请日2008年10月2日）。加州大学提出先使用MOCVD进行第一生长在使用不同生长方法进行再生长的制造氮化物半导体器件的方法（WO2017011387A1，申请日2016年7月11日）；东京电子提出选择性沉积方法，用于使薄膜选择性地沉积在露出有绝缘膜和导电膜的基底上（JP2018170409A，申请日2018年3月19日）。

4.1.5 技术生命周期分析

如图4-1-7所示，自1951年开始，氮化硅制备技术开始被人们关注。

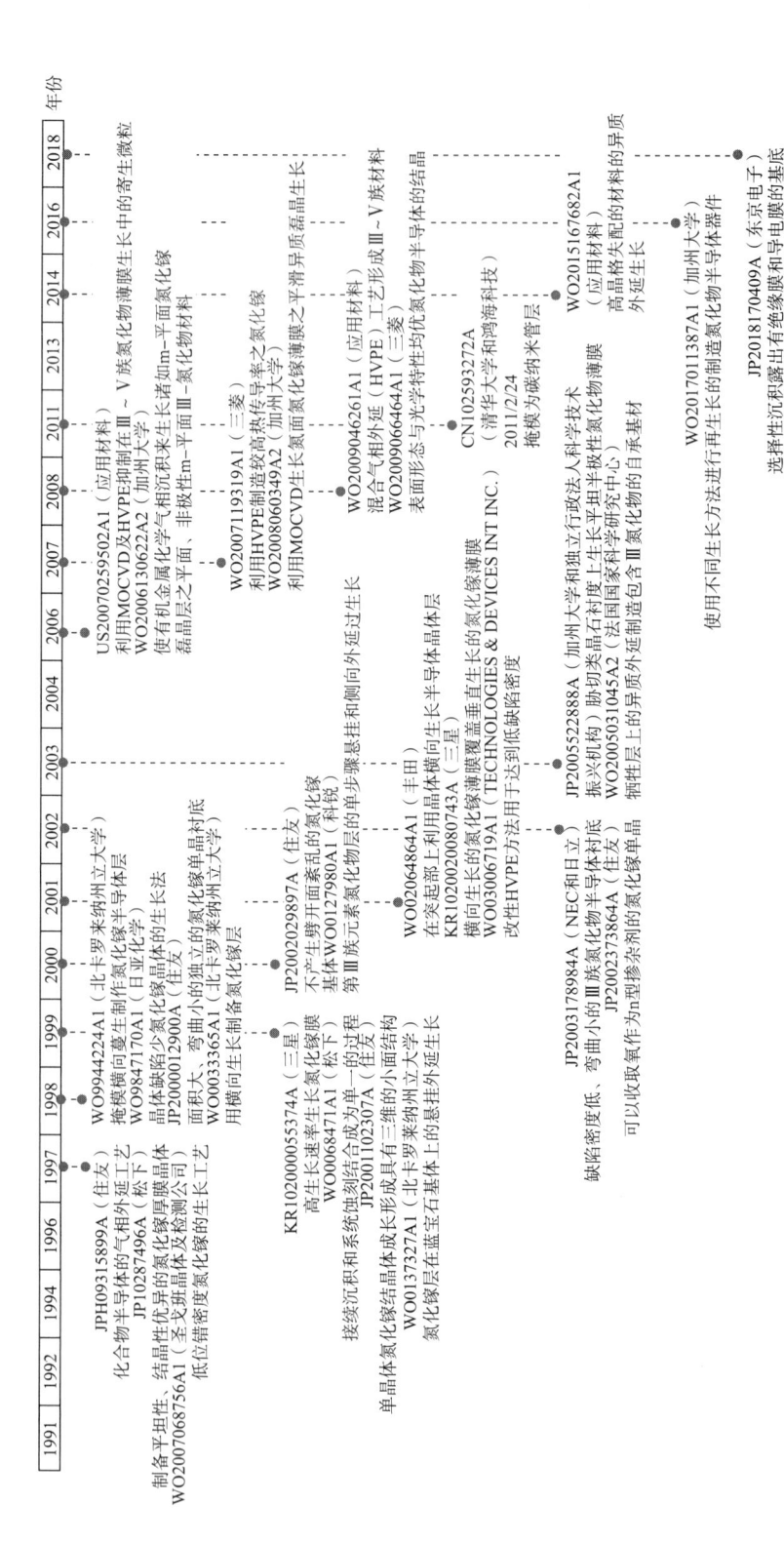

图4-1-6 氮化镓外延技术专利发展路线

第4章 氮化镓关键技术专利分析

1961 氮化镓外延最早专利申请
1961-07-05 US3178313A
BELL TELEPHONE LABOR INC.
Epitaxial growth of binary semiconductors

1969 氮化镓封装最早专利申请
1969-11-26 US3658678A
IBM
Glass-annealing process for encapsulating and stabilizing fet devices

1973 氮化镓异质衬底最早专利申请
1973-10-15 US3869322A
IBM
Automatic-P-N junction formation during growth of a heterojunction

1996 氮化镓同质衬底最早专利申请
1996-12-05 US5993542A
SONY CORPORATION
Method for growing nitride Ⅲ-Ⅴ compound semiconductor layers and method for fabricating a nitride Ⅲ-Ⅴ compound semiconductor substrate

2018 氮化镓异质衬底最晚专利申请
2018-05-22 CN108493208A
珠海市一芯半导体科技有限公司
一种无混光多光点集成LED芯片结构及制备方法

氮化镓同质衬底最晚专利申请
2018-06-08 CN108565221A
中国科学院微电子研究所
一种匹配（Al, In）氮化镓材料的超低界面态界面结构及其制备方法

氮化镓外延最晚专利申请
2018-07-17 CN108695385A
中山市华南理工大学现代产业技术研究院、华南理工大学
一种基于Si衬底的GaN基射频器件外延结构及其制造新法

氮化镓封装最晚专利申请
2018-06-12 CN108766897A
厦门大学
实现大功率氮化镓器件层散热的三维异质结构的封装方法

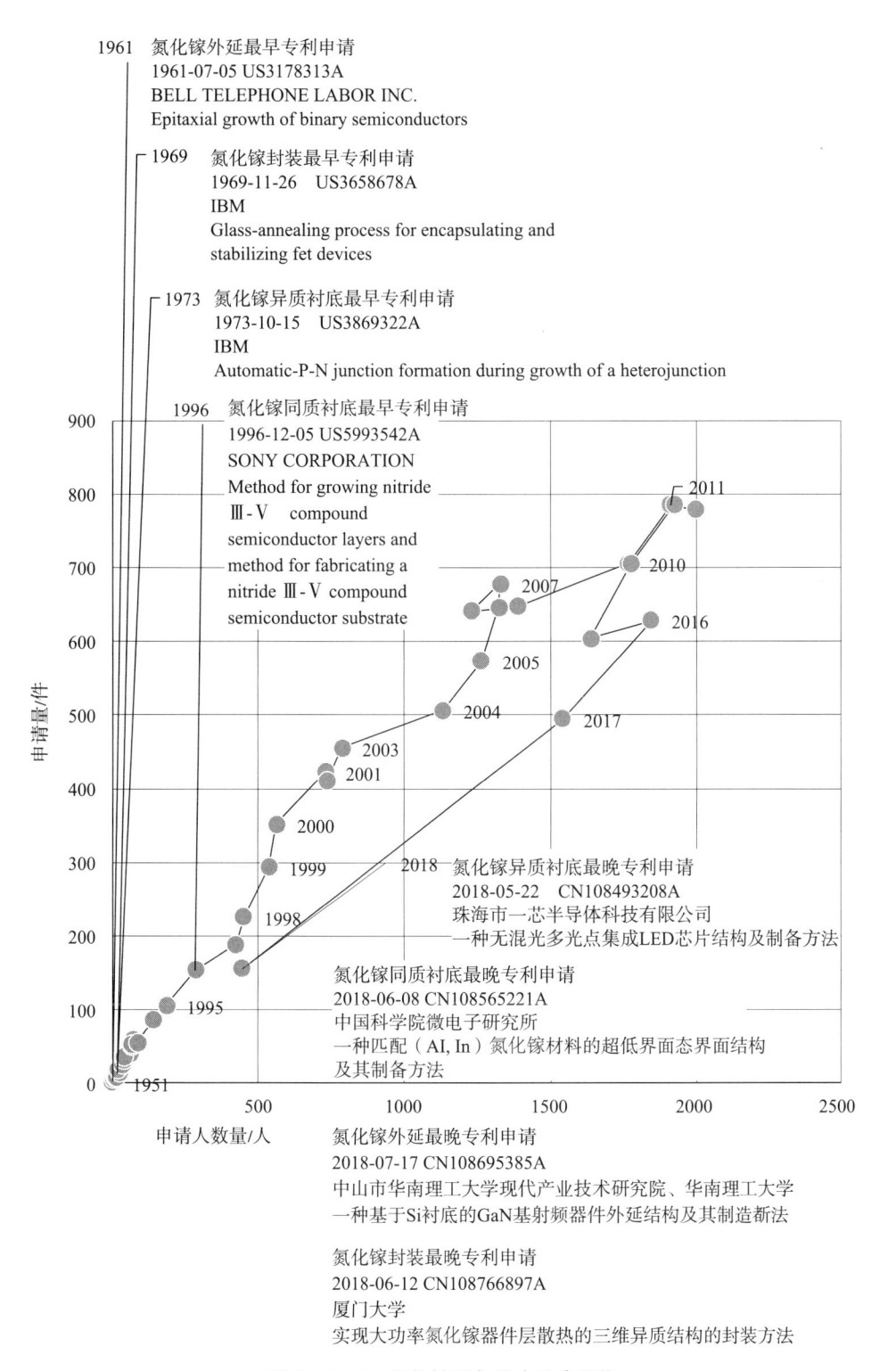

图4-1-7 氮化镓制备技术生命周期

1951～1966年，该领域的申请量一直为个位数，申请人数量较少，该技术的关注度不高，在此期间，人们的关注点在于氮化镓外延技术。随着1969年对氮化镓封装和1973年对氮化镓异质衬底技术的研究，申请量和申请人开始增加，年申请量维持在20件左右的水平。一直到1994年，年申请量才突破100件，参与的申请人为100余人。因此，1994年之前，可以视作技术萌芽阶段。从1994年开始，申请量开始迅速增长，特别是随着氮化镓同质衬底技术的出现，大量申请人开始涉足该领域，一直到2011年，申请人和申请量全部达到峰值，这个阶段技术呈现快速增长的趋势。从2011年开始，申请量出现缓慢下降趋势，氮化硅技术进入技术成熟期。

4.2 氮化镓器件和应用技术分析

4.2.1 专利申请趋势

如图4-2-1所示，在氮化镓器件及应用技术领域，美国、中国的专利申请趋势与全球申请趋势基本一致。从申请量发展趋势来看，可以认为全球范围氮化镓器件及应用技术专利申请经历了波动上升式的发展过程，大致可以分为以下几个阶段。

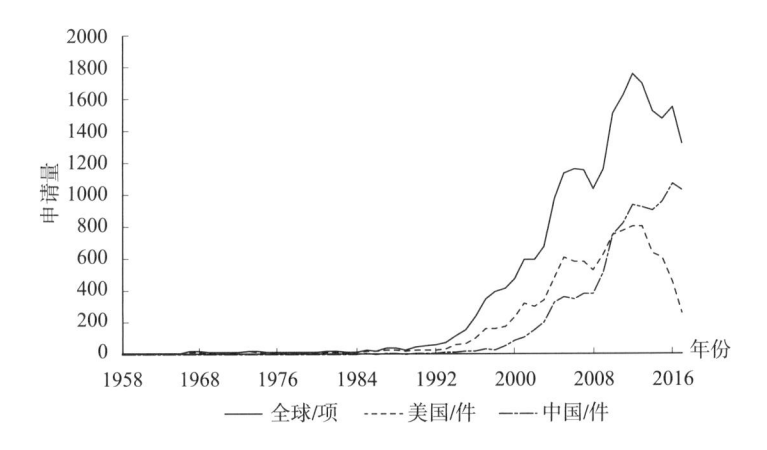

图4-2-1 氮化镓器件及应用技术全球、美国、中国的专利申请量趋势

在1958～1989年，年申请量从个位数缓慢增长至20项左右，这一时期是氮化镓器件及应用技术的萌芽期。在氮化镓器件及应用技术发展初期，仅仅是个别申请人试探性地研究和进行专利申请，并没有形成规模，也没有进行持续性研发。这一时期的主要申请人来自美国、欧洲和日本，包括美国的IBM与通用电气、欧洲的飞利浦与西门子、日本的东芝与日立等传统半导体厂商。自20世纪90年代初，氮化镓的外延生长和掺杂技术取得重大突破以来，第Ⅲ族氮化物半导体的研究和产业开发以氮化镓为核心，在基于InGaN/GaN量子阱材料的蓝光、白光LED和基于AlGaN/GaN异质结构材料的HEMT器件等方面取得了重大进展，直接促进了半导体照明、高功率微波技术和产业的高速发展。自从1991年第一件氮化镓基发光二极管诞生，得益于各国家/地区的投

入和支持，该领域一直处于突飞猛进的快速发展时代。进入21世纪之后，科学技术的迅猛发展推动着第Ⅲ族氮化物半导体材料和器件向高功率、低能耗、大电压、多波段、超快响应、超高容量、微型化和高集成度方向发展，同时，信息、能源、交通等领域的高新技术产业发展和国防安全对第Ⅲ族氮化物宽禁带半导体材料和器件提出了新的要求，成为第Ⅲ族氮化物半导体材料和器件迅猛发展新的驱动力。1990~2012年，除了2007~2008年受全球经济危机影响有所停滞以外，氮化镓器件及应用技术的申请量基本上处于高速增长的状态。2013年至今，随着碳化镓技术的日益成熟，氮化镓器件及应用技术的专利申请量保持在高位但有所下降。

2009年之前，氮化镓器件及应用的研发重心在美国，各国的创新主体也最重视美国市场，积极在美国进行专利布局，全球申请有50.3%具有美国同族专利。随着中国市场重要性的增长，各国的创新主体也开始积极在中国进行专利布局，我国加大投入和支持氮化镓器件及应用开发，例如开展了"半导体照明工程"，在多个城市建了半导体照明产业基地，我国的氮化镓器件及应用已经形成较为成熟的产业链，与国外先进水平不断缩小，2009年科技部推出"十城万盏"半导体照明应用示范方案，迅速提高了我国半导体照明产业的竞争力。从2010年起，氮化镓器件及应用的研发重心逐渐从美国转移到中国，中国专利年申请量超过美国，成为全球第一，并且一直保持快速增长。美国自从2013年达到峰值后，年申请量逐渐下降。

4.2.2 主要国家/地区专利布局对比

如图4-2-2所示，为了研究氮化镓器件及应用技术的区域分布情况、主要技术来源、重要目标市场，本节对采集到的碳化硅应用技术专利数据样本按申请所在国家、地区或组织进行了统计。从图4-2-2来看，全球范围内氮化镓器件及应用技术专利申请国家/地区比较集中，来自中国、美国、日本、韩国和中国台湾的专利申请占全球申请总量的75.2%，在全球24312项氮化镓器件及应用专利技术中，中国以6916件的申请量、占总申请量28.4%的比例排名首位；美国以4127件的申请量排名第二位，占总申请量的17.0%；日本以3936件的申请量排名第三位，占总申请量的16.2%；韩国以1956件、中国台湾以1341件分别排名第四位、第五位，各占总申请量的8.0%和5.5%。前五位申请国家/地区中除了美国以外都是亚洲国家/地区，这充分印证了目前全球半导体产业以美国和亚洲为重心，是氮化镓器件及应用技术领域的重要研发地。

从多边申请量的占比来看，中国有552件多边申请，占其总申请的8.0%；美国有2368件多边申请，占其总申请的57.4%；日本有3583件多边申请，占其总申请的91.0%；韩国的多边申请量为1623件，占其总申请的83.0%；中国台湾的多边申请量为880件，占其总申请的65.6%。由此可知，在申请量排名前五的国家/地区中，除了我国以外都非常注重海外布局，多边申请占比基本上都在六成以上，可以为海外市场的健康发展和市场占有提供有力的保障。中国尽管申请量排名第一位，但是多边申请量占比还不到1/10，远远低于其他国家/地区，多边申请量排名第五位，海外专利申请较少，很少进行海外布局，在海外市场面临较大的专利风险，这与我国申请人以高校

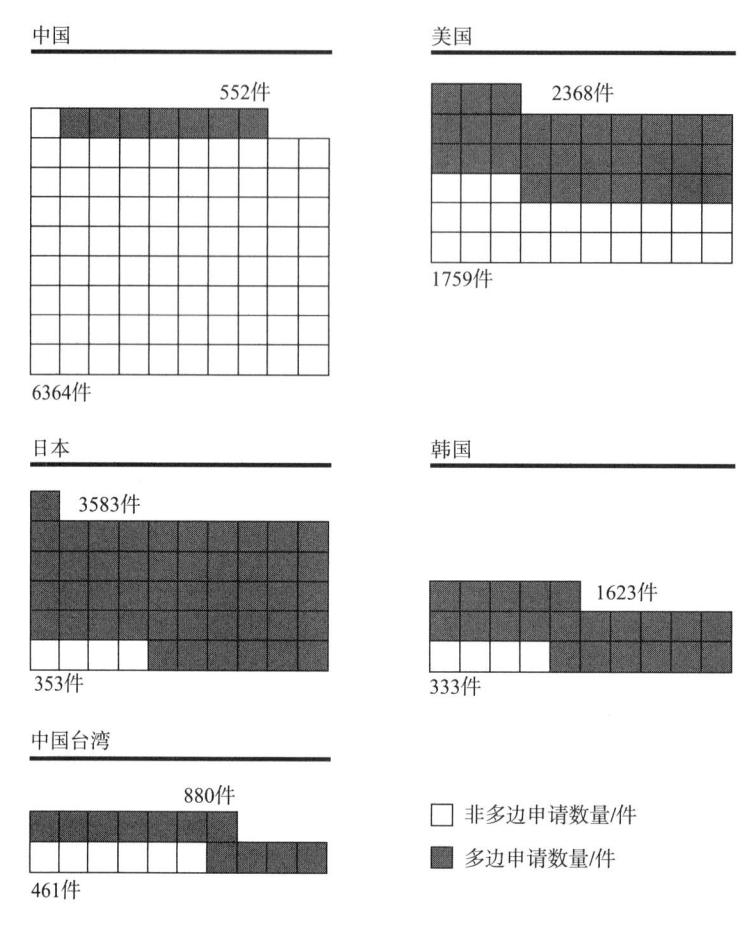

图4-2-2 氮化镓器件和应用技术主要国家/地区专利布局对比

和科研院所为主有关,需要我国企业加大研发投入,积极地"走出去"。可以向日本学习,其多边申请量占比九成多,在氮化镓器件及应用技术领域尽管申请量第三,但是多边申请量排名全球第一。

从主要国家/地区氮化镓器件及应用主要技术分支的申请量与多边申请量对比能够看出,在氮化镓器件及应用各技术分支中,光电子是各国/地区的主要研发目标,这是发光二极管以及半导体照明应用氮化镓器件及应用的研发重点和热点,各国/地区纷纷实施了国家级半导体照明计划,如美国"国家半导体照明计划"、日本"21世纪光计划"、欧盟"彩虹计划"、韩国"氮化镓半导体开发计划"、中国台湾的"21世纪照明光源开发计划"以及中国的"半导体照明工程"。其次是电力电子分支,微波射频申请量占比较低。但是,随着电动汽车以及5G通信的快速发展,相信这两个技术分支在未来会有较大的发展。

具体来说,尽管中国的总申请量以及各技术分支的申请量都是全球第一,但是由于中国多边申请量占比极低,国内申请人海外布局意识不强,各技术分支的多边申请低于美国、日本、韩国等国。再次表明中国申请人仅仅注重本国市场,还未充分参与全球的国际竞争中。而美国、日本、韩国等国的申请人积极开展海外布局。尽管日本申请总量排名第三，但是在光电子和电力电子两个技术分支的多边申请量都排名第一，三个技术分支的多边申请占比都在90%以上，这表明日本申请人海外布局意识极强，非常注重国外市场，这与日本本土市场较小有关。韩国各技术分支的多边申请占比在70%~80%，由于韩国本身市场有限，所以韩国申请人也非常注重国外市场，积极进行海外布局，但是在氮化镓器件及应用这一领域整体实力弱于美、日等国。美国作为第一大申请国，多边申请量占比较高，这表明美国作为最大的市场，美国申请人在注重国内市场的同时，有侧重地积极进行海外布局。

4.2.3 主要申请人分析

如图4-2-3所示，对氮化镓器件及应用技术全球专利申请量进行统计，在排名前五的申请人依次为日本的东芝（453项，占总申请量的1.9%）、韩国的LG（414项，占总申请量的1.7%）、韩国的三星（378项，占总申请量的1.6%）、日本的夏普（344项，占总申请量的1.4%）、日本的丰田（331项，占总申请量的1.4%），排名前20位的申请人申请总量占总申请22.0%。由此可见，在氮化镓器件及应用技术领域，各主要申请人还未形成集中优势，各国家/地区的申请人都在这一领域投入力量，积极进行研发，我国申请人在这一领域还大有可为。具体来说，在前20位的申请人中，日本申请人有11位，中国申请人有3位，美国申请人与韩国申请人各有2位，欧洲申请人与中国台湾申请人各有1位。总体来说，日本在氮化镓器件及应用技术领域已经形成

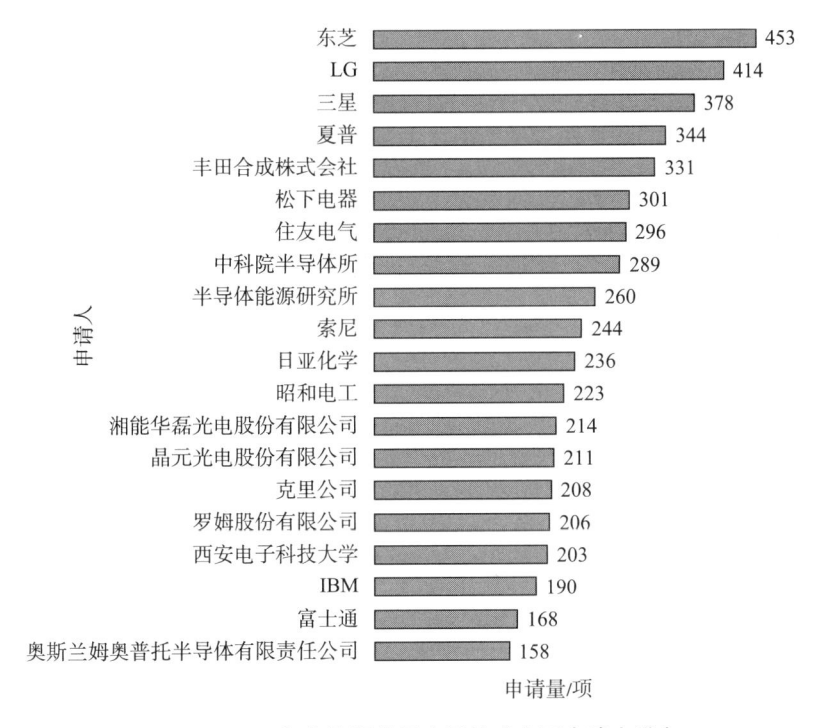

申请人	申请量/项
东芝	453
LG	414
三星	378
夏普	344
丰田合成株式会社	331
松下电器	301
住友电气	296
中科院半导体所	289
半导体能源研究所	260
索尼	244
日亚化学	236
昭和电工	223
湘能华磊光电股份有限公司	214
晶元光电股份有限公司	211
克里公司	208
罗姆股份有限公司	206
西安电子科技大学	203
IBM	190
富士通	168
奥斯兰姆奥普托半导体有限责任公司	158

图4-2-3 氮化镓器件及应用技术主要申请人排名

了规模效应，有大量申请人投入这一领域，是这一领域的主要研发力量，掌握着这一领域的先进技术。尽管中国申请量全球第一，但是中国仅有3位申请人进入前20名，仅有1位进入前十名，这表明我国申请人虽然数量众多，但是各申请人相对仍不强大。另外，前20位申请人中其他国家/地区的申请人均为企业，而我国的3位申请人中有两位是高校和科研院所，仅有一家企业。这表明，在其他国家/地区，企业已经成为这一领域的创新主体，而在中国，高校和科研院所还是重要的研发力量，产业化程度较低。虽然在氮化镓器件及应用领域，韩国的申请总量排全球第四，但是有LG和三星两家企业进入了全球前三，这表明韩国两家龙头半导体厂商积极在此领域进行研发。

4.2.4 MicroLED 技术发展路线

MicroLED是新一代显示技术，比现有的OLED技术亮度更高、发光效率更好、功耗更低。其是在一个芯片上集成高密度微小尺寸的LED阵列，将像素点距离从毫米级降低至微米级。涉及氮化镓器件制备的技术演进主要从阵列结构、颜色显示、巨量转印等方面进行说明。

（1）阵列结构

基本结构，索尼公司提出的集成发光二极管照明装置（JP2006190851A，申请日2005年1月7日）；伊利诺伊大学评议会提出了二维器件阵列（WO2005122285A2，申请日2005年6月2日）属于重要结构专利；三星公司提出半导体发光器件（WO2010047553A2，申请日2009年3月18日）；加州大学提出的微米和纳米结构的LED和OLED器件（US20110168976A1，申请日2009年7月23日）；苹果公司提出微型器件稳定柱（CN104661953A，申请日2012年9月24日），以及微发光二极管（WO2013074355A，申请日2012年12月18日）；加州大学提出Ⅲ~Ⅴ微型发光二极管阵列及其制备方法（US20170236807A1，申请日2015年10月28日）。

衬底结构，InfiniLED公司提出方法和装置用于提高微型发光二极管装置（US20150325746A1，申请日2014年5月7日）；SOITEC公司提出生长衬底，特别是领域中的微显示屏（WO2018167426，申请日2017年3月17日）。

封装结构，LG公司提出光发射器件封装和光单元（WO2008130140，申请日2007年4月19日）。

（2）颜色显示

使用荧光粉发光，索尼公司提出荧光粉组合物之发光装置（US20080231172A1，申请日2007年3月22日）；苹果公司提出具有波长转换层之微发光二极体（WO2014186214A1，申请日2013年5月14日）。

使用多色LED发光，英特尔公司提出单片多色发光像素（WO2018057041，申请日2016年9月26日）。

（3）巨量转印

伊利诺伊大学提出用于可变形及半透明显示器之超薄微刻度无机发光二极体之印刷总成（WO2010132552A1，申请日2010年5月12日）；苹果公司提出微型器件稳定柱（CN104661953A，申请日2012年9月24日）；艾克斯瑟乐普林特公司提出微组装LED显示器（CN106716610A，申请日2015年5月15日）；SORAA LASER DIODE公司提出制造RGB显示基于含镓和氮的薄膜的发光二极管（US9653642B1，申请日2016年7月13日）；X Celeprint公司提出可印刷的无机半导体结构（US20170207364A1，申请日2017年3月31日）；QMAT微发光二极管（LED）通过层转移制造（US20180138357A1，申请日2017年11月10日）。

4.2.5 技术生命周期分析

如图4-2-4所示，自1958年开始，氮化镓器件应用技术开始被人们关注。其发展晚于碳化硅器件主要是因为早期没有可实用的同质单晶作为外延衬底，主要采用蓝

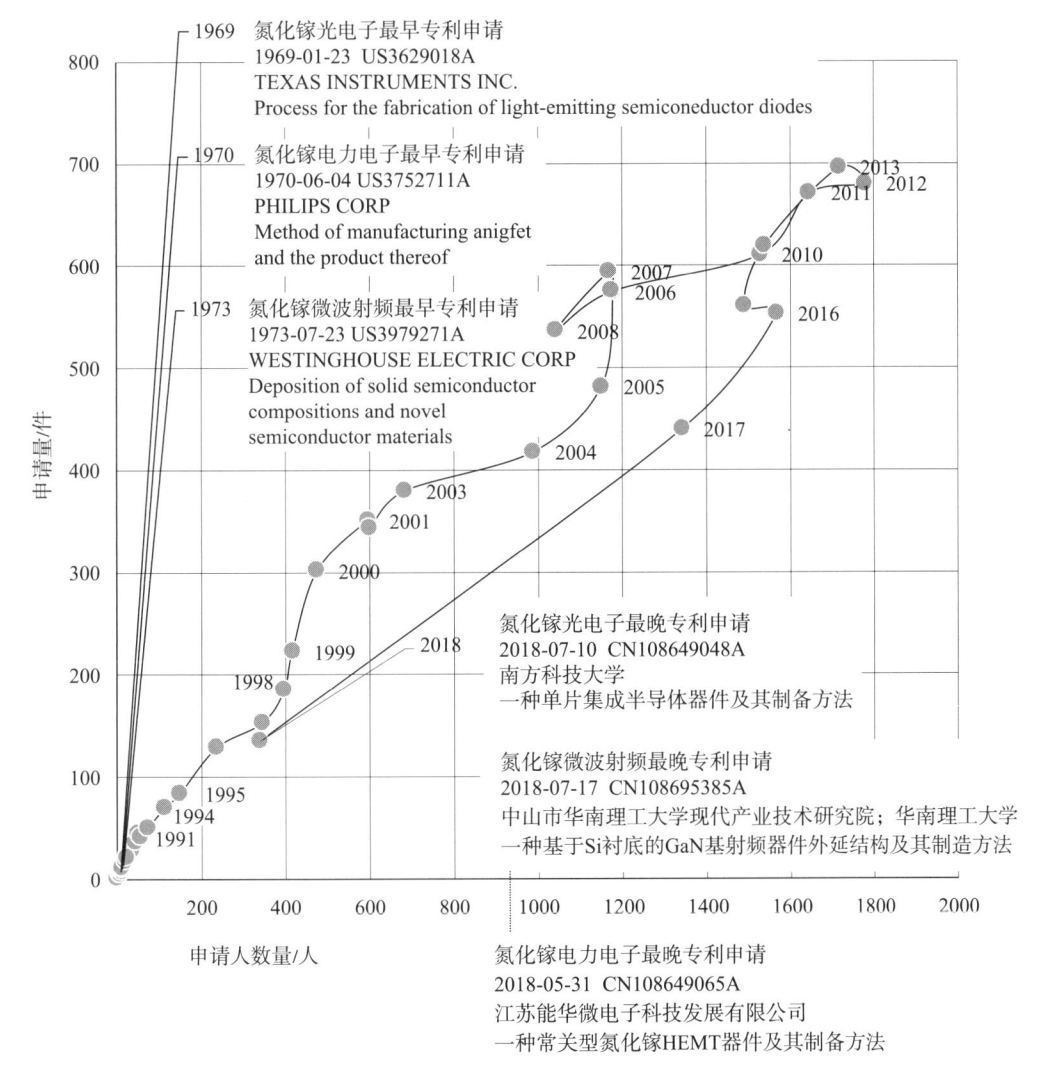

图4-2-4 氮化镓器件应用技术生命周期

宝石和碳化硅等作为衬底进行异质外延生长，因此其技术发展受到了碳化硅技术的制约。一直到1966年，每年的申请量和申请人数量都为个位数，随着碳化硅技术的发展，氮化镓器件及应用技术也缓慢发展，一直到1989年年申请量才到20件左右，这一时期属于该技术的萌芽期。自20世纪90年代初氮化镓的外延生长和掺杂技术取得重大突破以来，在基于InGaN/GaN量子阱材料的蓝光、白光LED和基于AlGaN/GaN异质结构材料的HEMT器件等方面取得了重大进展，直接导致了半导体照明、高功率微波技术和产业的高速发展。1991年之后氮化镓器件及应用技术的年申请量和申请人数量迅猛增加，短短四年申请量破百，六年后申请人数量破百；到2005年，年申请量破千，申请人数量也达到五百左右。得益于各国家/地区的投入和支持，在这一时期该领域一直处于突飞猛进的快速发展时代。经过2006~2008年的调整之后，该领域又进入了新一轮的快速发展，在这一时期中国申请人数量快速增加，成为重要的研发力量。最近几年氮化镓器件及应用技术发展逐渐成熟，年申请量和申请人数量保持在高位且略有下降，但是中国申请人的研发热情未减。

第5章 英飞凌专利布局及运用策略分析

5.1 发展历程

总部位于德国 Neubiberg 的英飞凌科技股份公司（以下简称"英飞凌"），为现代社会的三大科技挑战领域——高能效、连通性和安全性提供半导体和系统解决方案，为汽车和工业电子装置、芯片卡和安全应用以及各种通信应用提供半导体和系统解决方案。英飞凌的产品素以高可靠性、卓越质量和创新性著称，并在模拟和混合信号、射频、功率以及嵌入式控制装置领域掌握尖端技术。英飞凌的业务遍及全球，在美国加州苗必达、亚太地区的新加坡和日本东京等地拥有分支机构。英飞凌连续8年居全球功率半导体市场榜首，根据 IMS Research 发布的数据，2010年，英飞凌进一步巩固其领先地位，在全球市场上占据了11.2%的份额。IMS Research 的市场调查表明，英飞凌在分立式功率半导体细分市场上拥有8.6%的市场份额，第一次确定了其在该市场上的榜首地位。

英飞凌于1999年4月1日在德国慕尼黑正式成立，是全球领先的半导体公司之一。其前身是西门子集团的半导体部门，1999年，西门子为了便于其庞大的电子零件集团进一步发展，把电子零件的两大部分——有源元件（半导体）和无源元件（电容、磁芯等）分别独立出来形成两家上市公司，其中的半导体集团就是英飞凌。

英飞凌源于西门子半导体，说明西门子在全球功率半导体发展过程中起着重要的推动作用：在发展新一代 MOS 场控功率半导体器件方面，拥有 SIPMOS 发明专利并占有较大的市场份额；1998年，西门子突破了 MOS 器件发展极限，推出了 COOLMOS，600V MOSFET 导通电阻仅有 70mΩ；西门子在全球率先推出新型 NPT-IGBT，具有高可靠、低成本的最优性能价格比，西门子 NPT-IGBT 芯片产量居全球第一位；1999年，西门子率先推出 6500V IGBT，无疑对电力电子器件的发展格局产生较大的影响。

西门子半导体事业部作为英飞凌科技（中国）有限公司的前身于1995年正式进入中国市场。自1996年在无锡建立第一家企业以来，英飞凌的业务取得非常迅速的增长，在中国拥有1400多名员工，已经成为英飞凌亚太乃至全球业务发展的重要推动力。英飞凌在中国建立了涵盖研发、生产、销售市场、技术支持等在内的完整的产业链。在研发方面，英飞凌在上海、西安建立了研发中心，利用国内的人才资源，参与全球的重点项目研究；在无锡的后道生产工厂为中国及全球其他市场生产先进的芯片产品；并以北京、上海、深圳和香港为中心在国内建立了全面的销售网络。

英飞凌主要生产 IGBT、功率 MOSFET 芯片、快恢复二极管等功率半导体器件，并生产各种封装尺寸的 IGBT 和 MOSFET 等分立功率器件。其不仅生产各种 IGBT 模块，还生产大功率晶闸管、二极管。功率半导体器件一直是英飞凌的核心业务，具有较强的竞争力，英飞凌 IGBT、CoolMOS 分立功率半导体器件以及具有电路功能的 Cool Set 在中国消费类电子、家电等市场已取得较大的市场份额。

5.2 专利布局

5.2.1 专利申请趋势

图 5-2-1 示出了英飞凌自 1994 年至今在第五代半导体材料领域的专利布局。在此 20 余年间，其持有在氮化镓材料领域专利申请共计 309 件，在碳化硅材料领域专利申请共计 469 件，其他材料专利申请共计 88 件。

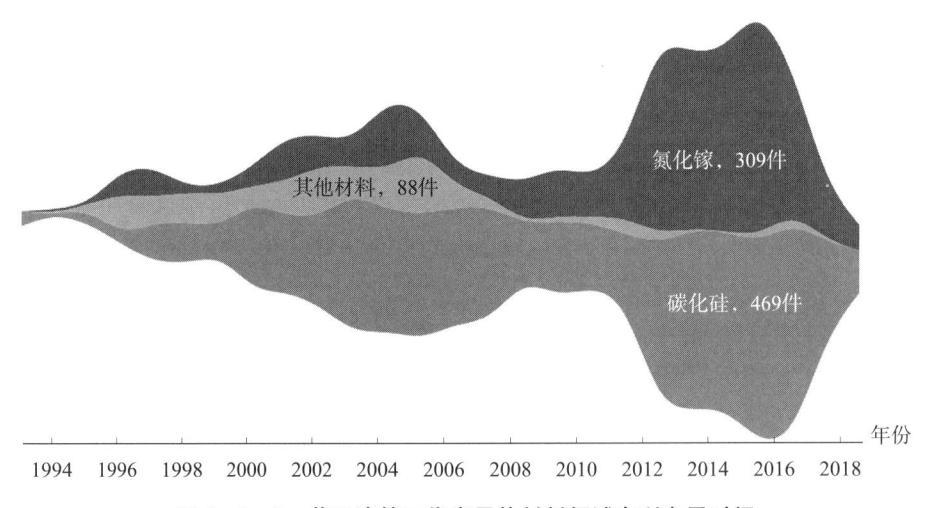

图 5-2-1 英飞凌第三代半导体材料领域专利布局时间

1994~2004 年，英飞凌在氮化镓和碳化硅材料的专利申请整体呈现平稳增长趋势，其间有小幅波动。自 2005 年开始，其在氮化镓和碳化硅材料的专利申请量开始呈现下降趋势，2008 年又归于平稳。在 2009~2010 年，该两种材料领域的专利申请量未出现大幅增长。自 2011 年始，其在该两种材料领域的专利申请又开始急速增长，并在 2015 年达到顶峰。2016~2018 年，在该两种材料领域的专利申请量又降至 2010 年的水平。

其他材料领域的专利申请量相较氮化镓和碳化硅来说，不是其重点布局方向，只在 1995~2004 年每年持有稳定数量的专利申请。但自 2005 年开始，在其他材料领域的专利申请量开始下滑，并自此之后没有大幅增长。

5.2.2 专利区域布局

图 5-2-2 示出了英飞凌在第三代半导体材料领域专利区域布局的情况。其专利申请主要集中在美国、德国、中国、日本。另外，在欧洲有相当数量的申请。其他申

请来自中国台湾、韩国和澳大利亚。其中，英飞凌在美国和德国的专利数量领先其他国家/地区。在中国的专利申请数量也相当可观，排在美国、德国之后。

	碳化硅	氮化镓	其他材料
美国	415	293	80
德国	334	196	68
中国	145	133	38
日本	96	56	37
EPO	71	55	42
WO	66	39	39
中国台湾	35	11	31
韩国	34	21	28
澳大利亚	15	5	13

申请量/件

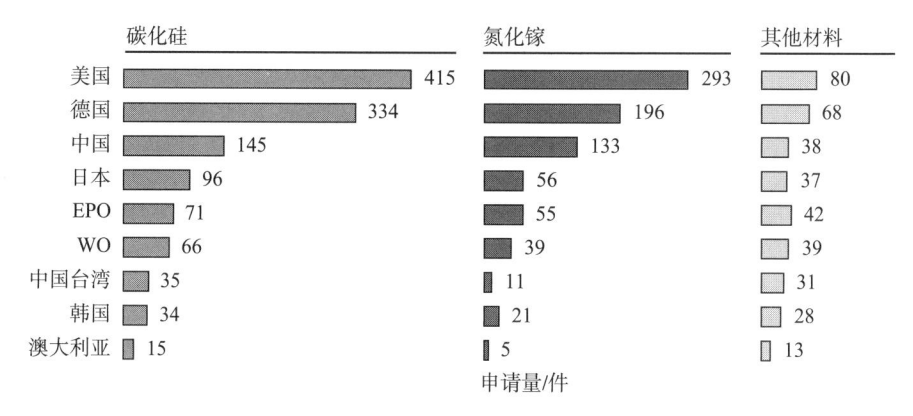

图 5-2-2　英飞凌第三代半导体材料领域专利区域布局

5.2.3　专利主题布局

图 5-2-3 示出了英飞凌在第三代半导体材料各技术分支专利布局情况。其技术分支主要为碳化硅单晶生长、碳化硅衬底加工、碳化硅外延生长、碳化硅器件工艺和碳化硅封装，氮化镓异质衬底、氮化镓同质衬底、氮化镓外延生长和氮化镓芯片封装。

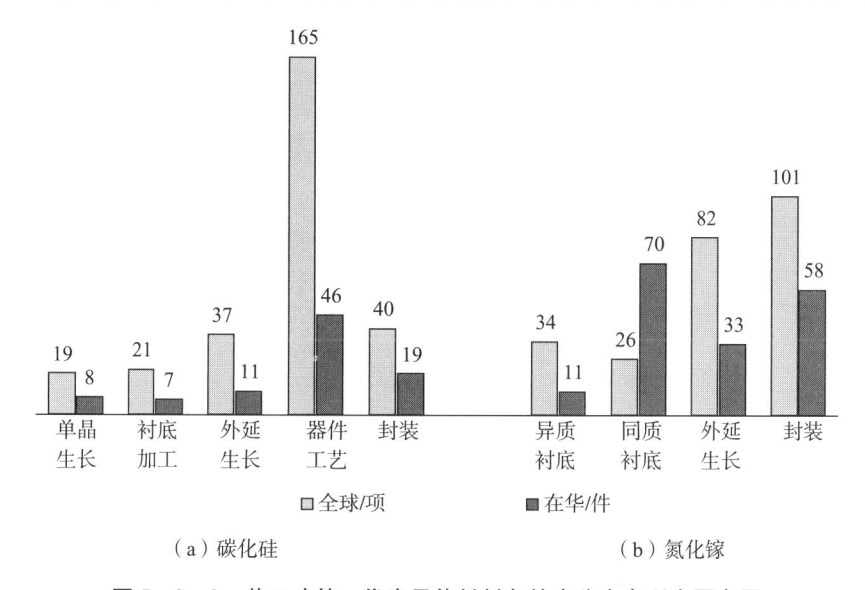

碳化硅（全球/项，在华/件）：
- 单晶生长：19，8
- 衬底加工：21，7
- 外延生长：37，11
- 器件工艺：165，46
- 封装：40，19

氮化镓（全球/项，在华/件）：
- 异质衬底：34，11
- 同质衬底：26，70
- 外延生长：82，33
- 封装：101，58

（a）碳化硅　　　　（b）氮化镓

图 5-2-3　英飞凌第三代半导体材料各技术分支专利主题布局

在全球范围，英飞凌在碳化硅器件工艺、氮化镓封装和氮化镓外延生长的申请量较高，分别为 165 项、101 项和 82 项，在其他分支领域的申请量则较低，皆在 40 项以下。

在中国，其在氮化镓同质衬底、氮化镓封装和碳化硅器件工艺领域的申请量稍高，分别为 70 件、58 件和 46 件，在其他分支领域的申请量较低。

5.3 主要研发团队

5.3.1 研发团队总览

图 5-3-1 示出了英飞凌第三代半导体专利申请主要发明人情况。前两名发明人为 HANS-JOACHIM SCHULZE 和 ROLAND RUPP，其专利数量分别为 77 件和 48 件。其他发明人持有的专利数量颇为相近，分别在 25~29 件。

发明人	申请量/件
HANS-JOACHIM SCHULZE	77
ROLAND RUPP	48
ANTON MAUDER	29
RALE OTREMBA	29
GILBERTO CURATOLA	28
OLIVER HÄBERLEN	28
GERHARD PRECHTL	27
RALF SIEMIENIEC	27
OLIVER HAEBERLEN	26
FRANZ HIRLER	25

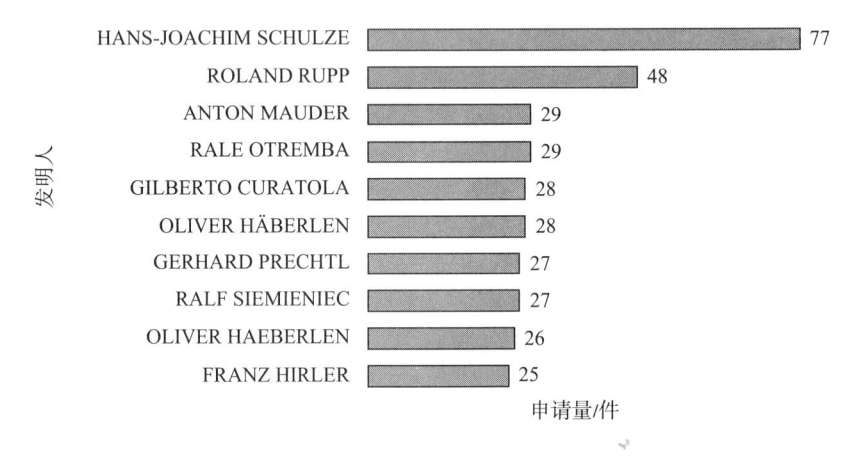

图 5-3-1　英飞凌第三代半导体领域专利申请主要发明人排名

图 5-3-2 示出了英飞凌碳化硅领域专利申请主要发明人情况。前两名发明人仍为 HANS-JOACHIM SCHULZE 和 ROLAND RUPP。排名与第三代半导体专利申请主要发明人情况相似。

发明人	申请量/件
HANS-JOACHIM SCHULZE	76
ROLAND RUPP	46
MITLEHNER HEINZ	29
RUPP ROLAND	29
ANTON MAUDER	26
MAUDER ANTON	26
H-J. Schulze	25
RALF SIEMIENIEC	24
ROMAIN ESTEVE	24
SCHULZE HANS JOACHIM	24

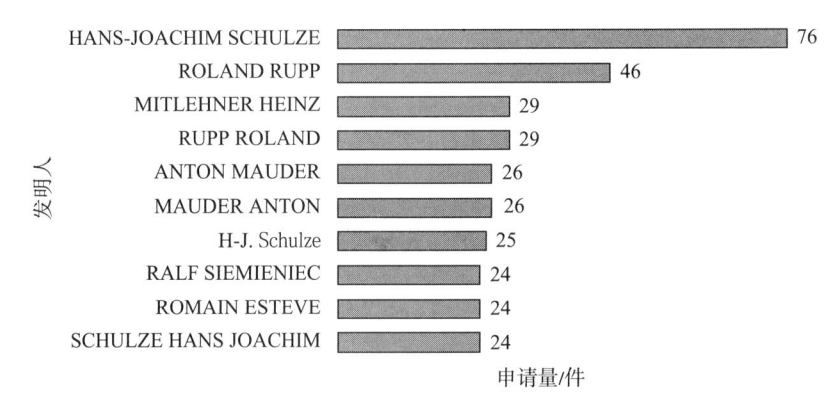

图 5-3-2　英飞凌碳化硅领域专利申请主要发明人排名

图 5-3-3 示出了英飞凌氮化镓领域专利申请主要发明人情况。在该领域第一位发明人是 OLIVER HAEBERLEN，其持有的专利数量有 52 件。其他发明人的专利数量都在 30 件以下。

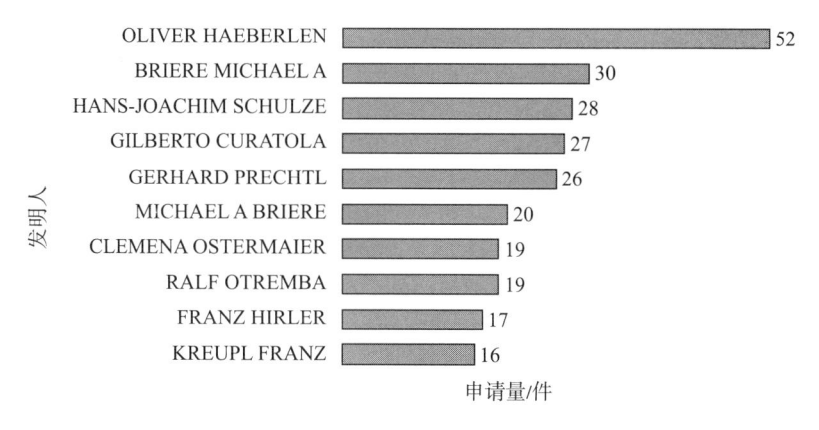

```
发明人排名(氮化镓领域):
OLIVER HAEBERLEN      52
BRIERE MICHAEL A      30
HANS-JOACHIM SCHULZE  28
GILBERTO CURATOLA     27
GERHARD PRECHTL       26
MICHAEL A BRIERE      20
CLEMENA OSTERMAIER    19
RALF OTREMBA          19
FRANZ HIRLER          17
KREUPL FRANZ          16
```

图 5-3-3 英飞凌氮化镓领域专利申请主要发明人排名

图 5-3-4 示出了英飞凌其他材料领域专利申请主要发明人情况。在其他材料领域发明人持有的专利数量较少，持有专利数量最多的前三位发明人分别是：DESROCHERS DEBRA A、HINTERMAIER FRANK 和 BAUM THOMAS H。

```
发明人排名(其他材料领域):
DESROCHERS DEBRA A    25
HINTERMAIER FRANK     22
BAUM THOMAS H         19
SCHINDLER GUNTHER     18
AIGNER ROBERT         17
HARTNER WALTER        14
HENDRIX BRYAN C       14
MAZURE-ESPEJO CARLOS  12
ROEDER JEFFREY F      10
KREUPL FRANZ           9
```

图 5-3-4 英飞凌其他材料领域专利申请主要发明人排名

5.3.2 研发合作分析

图 5-3-5（详见文前彩插第 6 页）示出了英飞凌公司主要发明人研发合作情况。该图中气泡颜色越深，代表该发明人的专利申请量越大，气泡之间距离越近，代表该发明人间的研发合作越紧密。

由此可以发现，英飞凌的主要发明人有 ROLAND RUPP、HANS-JOACHIM SCHULZE、ANTON MAUDER、OLIVER HAEBERLEN、FRANCISCO JAVIER SANTOS RODRIGUEZ、WOLFGAN WERNER、ROMAIN ESTEVE 和 RALF SIEMIENIEC 等。其中主要有三组人员的合作关系较为密切：ROLAND RUPP、HANS-JOACHIM SCHULZE 和 ANTON MAUDER 的合作关系较近，OLIVER HAEBERLEN 和 WOLFGAN WERNER 合作关系较近，以及 ROMAIN ESTEVE 和 RALF SIEMIENIEC 合作关系较近。

由图 5-3-5 所示，英飞凌最核心的研发成员是 ROLAND RUPP 和 HANS-

JOACHIM SCHULZE。

ROLAND RUPP 在英飞凌已经工作近 28 年，现在的职位是首席碳化硅科技研究员（Senior Principal SiC Technology）。ROLAND RUPP 的研究领域为碳化硅，所在英飞凌的部门为工业功率控制（Industrial Power Control）部门。其所擅长的领域包括材料科学、材料工程、半导体物理学、半导体电子特性、半导体构造等。其最近发表的文章分别为：*SiC MPS Devices：One Step Closer to the Ideal Diode*，*Investigation on the Effect of Ge Co-Doped Epitaxy on 4H-SiC Based MPS Diodes and Trench MOSFETs* 和 *Repetitive surge current test of SiC MPS diode with load in bipolar regime*。

HANS-JOACHIM SCHULZE（H.-J. Schulze）是一位半导体产业的物理学家，专业领域为功率半导体、半导体材料和半导体科技研发。在世界范围内有 800 多件专利，有至少 250 篇论文发表于科学期刊或学术书籍中。H.-J. SCHULZE 毕业于德国维尔茨堡大学，在英飞凌有 34 年的工作经验。其最近发表的文章分别为：*Unified view on energy and electrical failure of the short-circuit operation of IGBTs*，*Observation of Current Filaments in IGBTs with Thermoreflectance Microscopy* 和 *IGBT with superior long-term switching behavior by asymmetric trench oxide*。

5.4 专利运用

5.4.1 专利运用图谱

图 5-4-1 示出了英飞凌第三代半导体领域转让和受让专利情况。下面将从专利转让受让数量、专利转让人及受让人和主要转让人及受让人三方面进行分析。

英飞凌专利受让量远远少于专利转让量，其中专利受让量为 120 件左右，专利转让量为 200 余件。可以看出，英飞凌一方面引进一些专利技术，另一方面自身科研能力较强，也转让了较多专利。

英飞凌转让人数远远少于受让人数，转让人共 8 人，受让人共 20 人。可以看出，其技术引进的来源相对单一。

英飞凌的主要转让人为国际整流器公司和西门子，二者占总转让量的多数；主要受让人为国际整流器公司、Polaris Innovabons Limited、西门子、IBM、NITRONEX。可以看出，英飞凌在技术引进方面对国际整流器公司和西门子依赖性非常高，在技术输出方面则选择多元化。

5.4.2 专利运用策略

通过上述研究可以发现，英飞凌的专利运营策略主要具有以下特点：

一是高度重视专利布局时机的把握。专利布局时机节奏感强，根据产业发展速度提前进行阶段性集中布局。在 2004 年和 2015 年出现两个较为集中的布局高峰期，其间有近 10 年的时间处于布局低谷期，说明英飞凌一般会在技术获得重大突破后进行专利布局，并会根据产业发展的速度进行调整。

第5章 英飞凌专利布局及运用策略分析

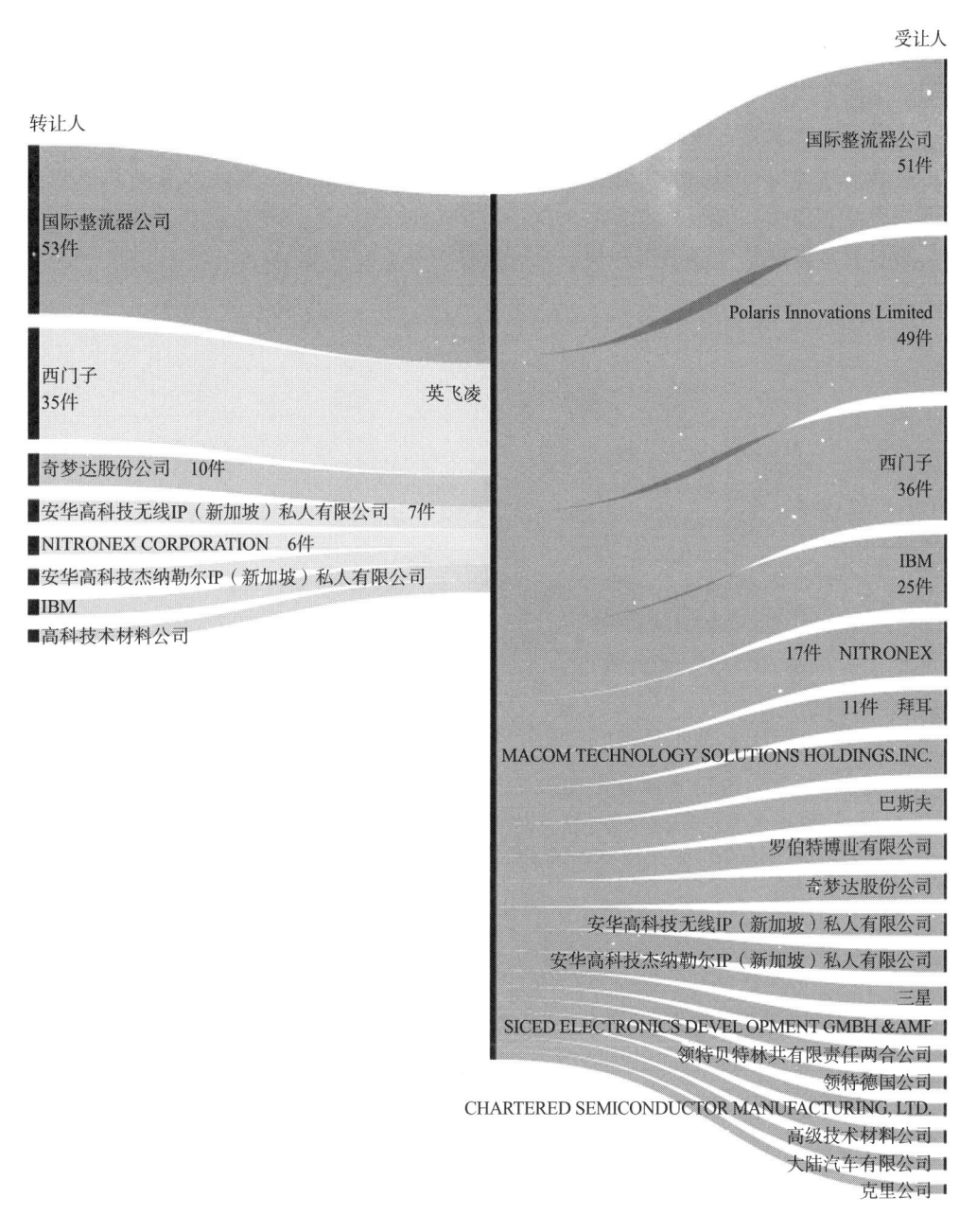

转让人

- 国际整流器公司 53件
- 西门子 35件
- 奇梦达股份公司 10件
- 安华高科技无线IP（新加坡）私人有限公司 7件
- NITRONEX CORPORATION 6件
- 安华高科技杰纳勒尔IP（新加坡）私人有限公司
- IBM
- 高科技术材料公司

英飞凌

受让人

- 国际整流器公司 51件
- Polaris Innovations Limited 49件
- 西门子 36件
- IBM 25件
- 17件 NITRONEX
- 11件 拜耳
- MACOM TECHNOLOGY SOLUTIONS HOLDINGS.INC.
- 巴斯夫
- 罗伯特博世有限公司
- 奇梦达股份公司
- 安华高科技无线IP（新加坡）私人有限公司
- 安华高科技杰纳勒尔IP（新加坡）私人有限公司
- 三星
- SICED ELECTRONICS DEVELOPMENT GMBH &AMF
- 领特贝特林共有限责任两合公司
- 领特德国公司
- CHARTERED SEMICONDUCTOR MANUFACTURING, LTD.
- 高级技术材料公司
- 大陆汽车有限公司
- 克里公司

图 5-4-1 英飞凌第三代半导体领域转让及受让专利情况

二是高度重视目标市场专利布局，英飞凌专利布局的大本营是美国。通过分析可以发现，从各个技术分支的主要布局的国家/地区看，英飞凌在美国的专利布局数量是最多的，一方面说明美国是极其重要的目标市场，另一方面说明英飞凌市场导向的布局原则非常明显。

三是高度重视技术研发团队的布局引领作用。通过对英飞凌发明人团队的分析可以发现，碳化硅领域排名前十位的发明人包揽了英飞凌几乎80%的发明专利。这说明研发团队的领导者对专利申请具有非常重要的贡献和引领作用，同时说明英飞凌有较好的激励研发团队进行专利布局的激励和管理机制。

　　四是高度重视技术研发合作和技术成果流动。英飞凌不仅和上游厂商合作，和下游厂商的合作也很密切。通过转让数据可以看出，英飞凌向外转让的专利数量大于从外部获得专利数量，说明英飞凌研发实力较强，能够对上下游厂商形成有效的技术支撑，同时非常重视从外部引用专利，完善自身产品的专利布局。

第6章 科锐专利布局及运用策略研究

6.1 发展历程

科锐成立于 1987 年，于 1993 年在美国纳斯达克上市，业务领域主要涉及 LED 外延、芯片、封装、LED 照明解决方案、化合物半导体材料、功率器件和射频。

科锐 LED 照明产品的优势体现在氮化镓和碳化硅等方面独一无二的材料技术与先进的白光技术，拥有 1300 多件美国专利、2900 多件国际专利和 389 件中国专利（包括已授权和在审专利）。科锐照明级 LED 器件性能不断取得突破，在亮度、光效、寿命、热性能、可靠性方面均处于全球业界领先。科锐于 1989 年商业化了第一款蓝光 LED。

科锐针对不同的照明细分市场和实际应用开发相应的产品并不断优化产品性能。科锐照明级 LED 系列产品丰富多样，实现更高的性价比，进一步降低系统成本，方便终端设计使用，加快客户新产品上市速度。同时，科锐通过卓越的产品与服务，不断满足客户需求，成为客户坚强可靠的长期合作伙伴，为客户"智"造更大价值，共同推动 LED 照明变革。

6.2 专利布局

6.2.1 专利申请趋势

图 6-2-1 示出了科锐自 1990~2016 年在第三代半导体材料领域的专利布局情况。在此 20 余年间，其持有在氮化镓材料领域专利共计 283 件，在碳化硅材料领域专利共计 454 件，其他材料专利共计 42 件。

科锐自建立以来在碳化硅领域的专利量积累颇高。1987~2001 年整体呈现稳步增长，仅在 1996 年和 2001 年有两次小快速增长。2002~2004 年，其专利申请量则呈现井喷式增长，并在 2004~2005 年达到峰值，而后缓慢下降。2014~2015 年，申请量出现了一次陡降，而后又趋于平稳。

科锐在氮化镓领域的专利申请起步较碳化硅相比稍晚。其在该领域的申请在 1990 年后才开始出现，而后缓慢增长，在 2000~2001 年出现一次小高峰。与碳化硅领域相似的是，其自 2002 年开始，氮化镓领域的专利申请量急剧上升，并持续至 2006 年。在此之后申请量开始逐渐下降。

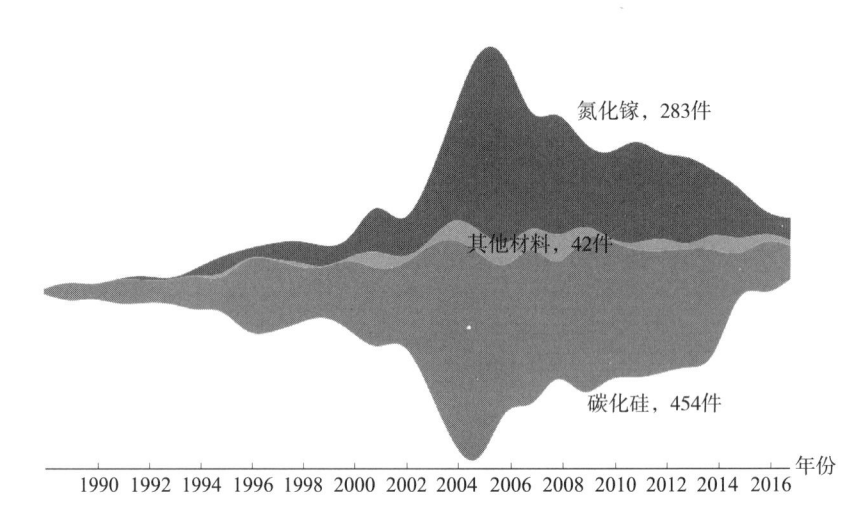

图 6-2-1 科锐第三代半导体材料领域专利申请趋势

科锐在其他材料领域的专利申请量相较之下则低了很多，多年来并没有出现太大的增长或减少，一直处于相对稳定的水平。

6.2.2 专利区域布局

图 6-2-2 示出了科锐第三代半导体材料领域专利区域布局的情况。其专利申请在美国最多，其次是 WO(WIPO) 申请、日本专利申请和 EPO 申请，中国专利申请量排在第五位。

	碳化硅	氮化镓	其他材料
美国	415	293	80
WO	334	196	68
日本	145	133	38
EPO	96	56	37
中国	71	55	42
韩国	66	39	39
中国台湾	35	11	31
加拿大	34	21	28
德国	15	5	13
澳大利亚			

申请量/件

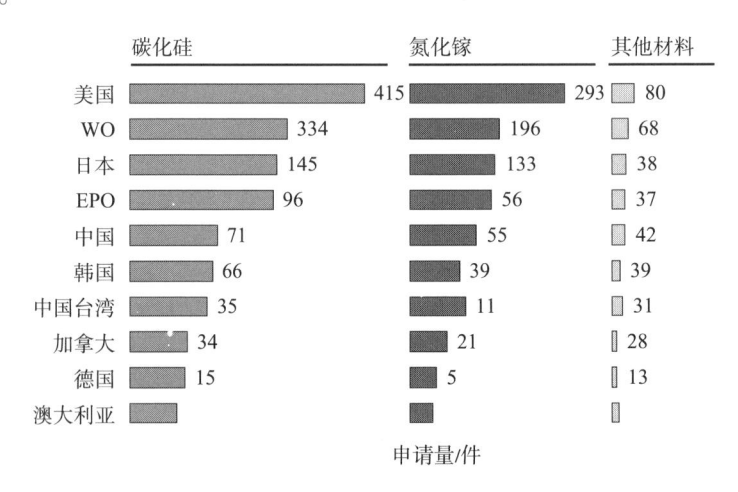

图 6-2-2 科锐第三代半导体材料领域专利区域布局

6.2.3 专利主题布局

图 6-2-3 示出了科锐第三代半导体材料领域各技术分支专利布局情况。其技术分支主要为碳化硅单晶生长、碳化硅衬底加工、碳化硅外延生长、碳化硅器件工艺和碳化硅封装，氮化镓异质衬底、氮化镓同质衬底、氮化镓外延生长和氮化镓封装。

第6章 科锐专利布局及运用策略研究

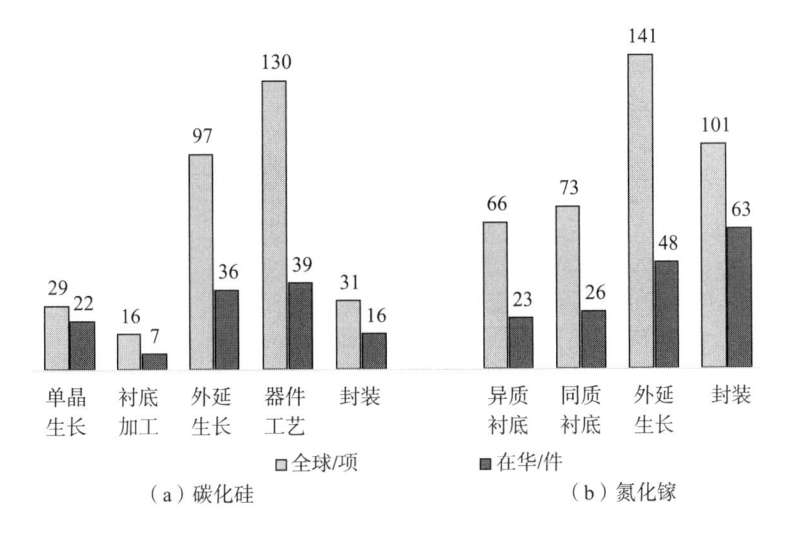

[图表：科锐第三代半导体材料各技术分支专利布局
(a) 碳化硅：单晶生长 全球29/在华22；衬底加工 16/7；外延生长 97/36；器件工艺 130/39；封装 31/16
(b) 氮化镓：异质衬底 66/23；同质衬底 73/26；外延生长 141/48；封装 101/63]

图6-2-3 科锐第三代半导体材料各技术分支专利布局

在全球范围，其在氮化镓外延生长、碳化硅器件工艺、氮化镓封装和碳化硅外延生长的申请量较高，分别为141项、130项、101项和97项，在其他领域的申请量则相对较低。

在中国，其在氮化镓封装和氮化镓外延生长领域的申请量稍高，分别为63件和48件，其他领域的申请量较低。

6.3 主要研发团队

6.3.1 研发团队总览

图6-3-1示出了科锐第三代半导体专利申请主要发明人情况。前三名发明人为 EDMOND JOHN、ZHANG QINGCHUN 和 PALMOUR JOHN W，其专利数量分别为183件、127件和123件。其他发明人持有的专利数量皆在90件以下。

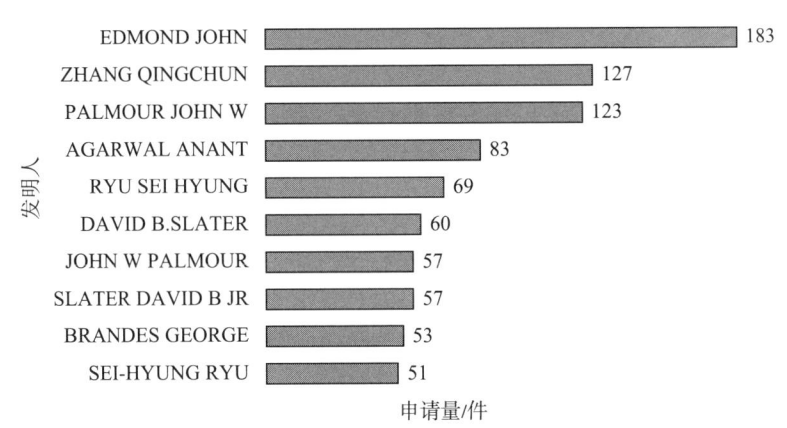

[条形图：发明人申请量
EDMOND JOHN 183
ZHANG QINGCHUN 127
PALMOUR JOHN W 123
AGARWAL ANANT 83
RYU SEI HYUNG 69
DAVID B.SLATER 60
JOHN W PALMOUR 57
SLATER DAVID B JR 57
BRANDES GEORGE 53
SEI-HYUNG RYU 51]

图6-3-1 科锐第三代半导体领域专利申请主要发明人排名

75

图 6-3-2 示出了科锐碳化硅领域专利申请主要发明人情况。前两名发明人为 PALMOUR JOHN 和 EDMOND JOHN，其专利数量分别为 123 件和 113 件。其他发明人持有的专利数量皆在 90 件以下。

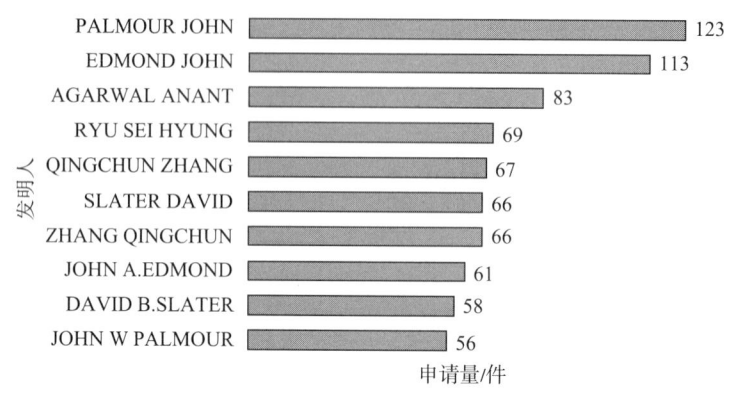

发明人	申请量/件
PALMOUR JOHN	123
EDMOND JOHN	113
AGARWAL ANANT	83
RYU SEI HYUNG	69
QINGCHUN ZHANG	67
SLATER DAVID	66
ZHANG QINGCHUN	66
JOHN A.EDMOND	61
DAVID B.SLATER	58
JOHN W PALMOUR	56

图 6-3-2 科锐碳化硅领域专利申请主要发明人排名

图 6-3-3 示出了科锐氮化镓领域专利申请主要发明人情况。前两名发明人为 EDMOND ADAM 和 WU YIFENG，其专利数量分别为 72 件和 63 件。其他发明人持有的专利数量皆在 51 件以下。

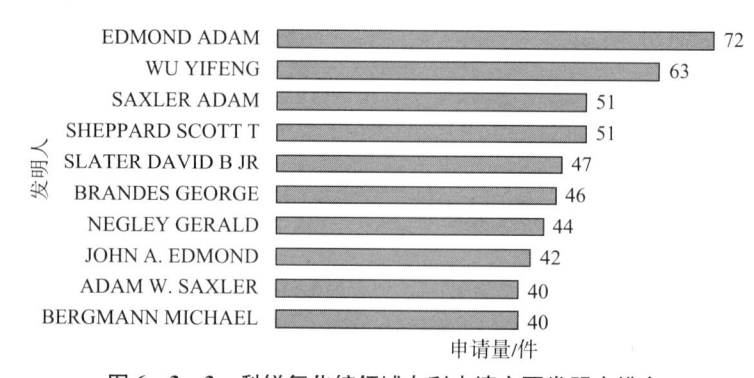

发明人	申请量/件
EDMOND ADAM	72
WU YIFENG	63
SAXLER ADAM	51
SHEPPARD SCOTT T	51
SLATER DAVID B JR	47
BRANDES GEORGE	46
NEGLEY GERALD	44
JOHN A. EDMOND	42
ADAM W. SAXLER	40
BERGMANN MICHAEL	40

图 6-3-3 科锐氮化镓领域专利申请主要发明人排名

图 6-3-4 示出了科锐其他材料领域专利申请主要发明人情况。在其他材料领域发明人持有的专利数量整体较少，持有专利数量最多的前三位发明人分别是：VAUDO ROBERT、EDMOND JOHN 和 IBBETSON JAMES。

6.3.2 研发合作分析

图 6-3-5 示出了科锐主要发明人研发合作情况。该图中气泡颜色越深，代表该发明人的专利申请量越大，气泡之间距离越近，代表该发明人间的研发合作越紧密。

可以发现，科锐的主要发明人有 SCOTT ALLEN、JOHN WILLIAM PALMOUR、JOHN EDMOND、DAVID BEARDSLEY SLATER、JAMES IBBETSON、HELMUT HAGLEITNER 和 SCOTT SHEPPARD 等。其中主要有三组人员的合作关系较为密切：SCOTT ALLEN 和 JOHN WILLIAM PALMOUR 合作关系较近，JOHN EDMOND 和 DAVID BEARDSLEY SLATER 合作关

系较近，HELMUT HAGLEITNER 和 SCOTT SHEPPARD 合作关系较近，并且 JAMES IBBETSON 更偏向独立研究。

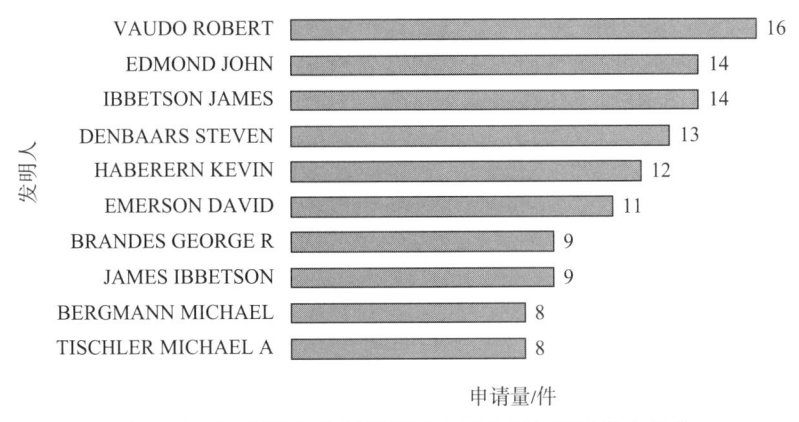

发明人	申请量/件
VAUDO ROBERT	16
EDMOND JOHN	14
IBBETSON JAMES	14
DENBAARS STEVEN	13
HABERERN KEVIN	12
EMERSON DAVID	11
BRANDES GEORGE R	9
JAMES IBBETSON	9
BERGMANN MICHAEL	8
TISCHLER MICHAEL A	8

图 6-3-4　科锐其他材料领域专利申请主要发明人排名

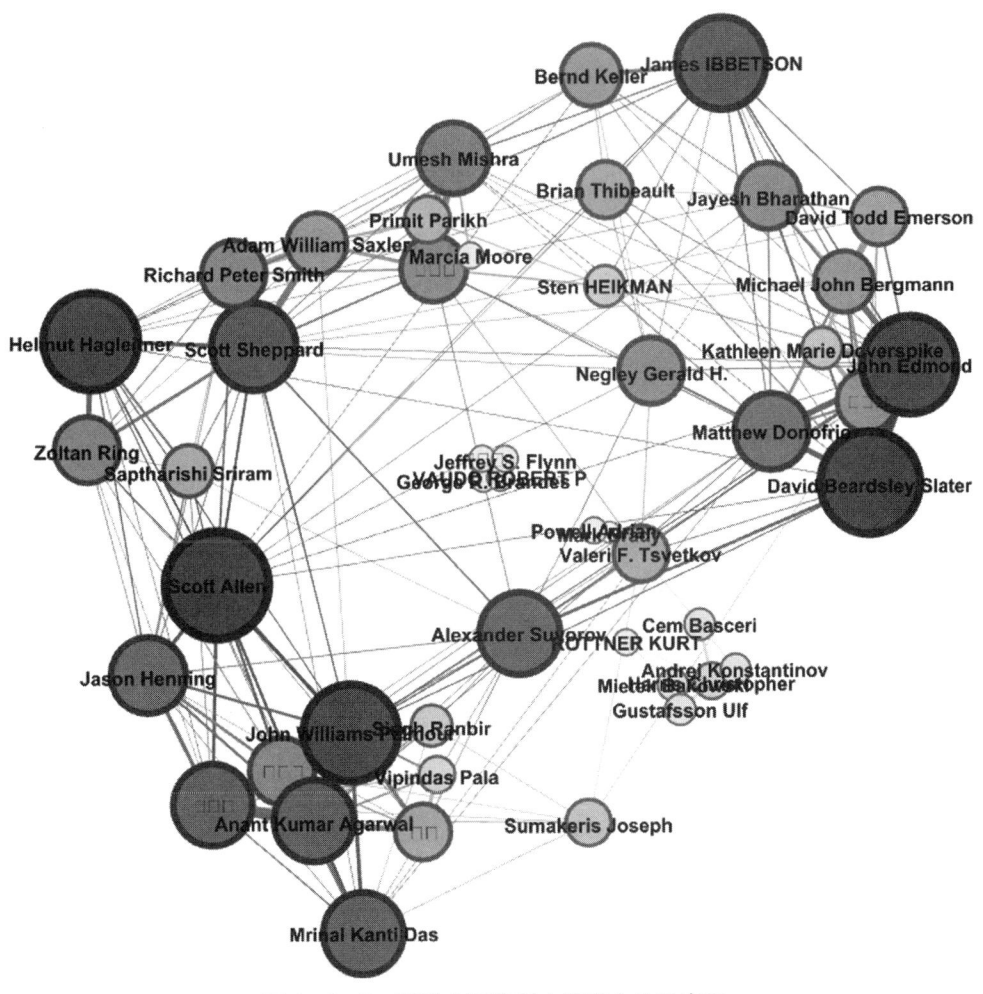

图 6-3-5　科锐主要发明人研发合作示意图

由图 6-3-5 所示，科锐最核心的研发成员是 SCOTT ALLEN 和 JOHN WILLIAM PALMOUR。

自 2013 年以来，SCOTT ALLEN 一直担任 Wolfspeed（科锐子公司）的研发主管，负责科锐第三代碳化硅 MOSFET 的研发工作等。在此之前他已经在科锐工作了 14 年。他先后毕业于美国康奈尔大学、马萨诸塞大学安姆斯特分校，并在加州大学圣芭芭拉分校取得电子电气工程博士学位。其最近作为联合作者发表的文章有：*Performance and Reliability Impacts of Extended Epitaxial Defects on 4H – SiC Power Devices*、*650 V, 7 mΩ 4H – SiC DMOSFETs for Dual – Side Sintered Power Modules* 和 *Blocking Performance Improvements for 4H – SiC P – GTO Thyristors with Carrier Lifetime Enhancement Processes*。

JOHN WILLIAM PALMOUR 博士在 1987 年联合创办了科锐，作为科锐的副总裁、首席科学家（CTO），以及功率半导体和 RF 半导体的负责人，已经为科锐服务了超过 30 年。其作为作者或者联名作者已经发表了超过 360 篇文章，在美国持有 65 件专利，在全球范围持有相关专利 150 项。他毕业于北卡罗来纳大学，取得材料科学与工程博士学位。

另外，科锐的研发团队中还有几位亚裔发明人，比如张清纯、柳世衡、孔华双和吴毅锋等。

6.4 专利运用

6.4.1 专利运用图谱

图 6-4-1 示出了科锐第三代半导体领域转让和受让专利情况。下面将从专利转让受让数量、专利转让人、受让人和主要转让人三方面进行分析。

科锐专利转让量远远少于专利受让量，其中专利转让量为 240 余件，专利受让量为 400 余件。可以看出，科锐一方面引进技术较多，另一方面自身科研能力较强。

科锐转让人数远远少于受让人数，转让人共 5 人，受让人共 9 人。可以看出，其技术引进的来源和技术被引均相对单一。

科锐的主要转让人为克里公司，转让量为 196 件，占总转让量的 80% 以上，主要涉及名称变更；主要受让人为克里公司，受让量为 362 件，约占总受让量的 90%。可以看出，科锐在技术引进方面对克里公司依赖性非常高，在技术被引方面则极度依赖克里公司。

6.4.2 专利运用策略

通过上述研究可以发现，科锐的专利运营策略主要有以下特点：

一是高度重视专利持续布局强度。科锐的专利布局强度可持续性强，伴随产品的推出稳定推进专利布局，呈逐年增长趋势。在 2005 年左右出现碳化硅和氮化镓领域相对集中的专利布局高峰期。此后，虽然年申请数量略有下降，但仍然维持在较高的水平。说明科锐研发规划较为科学并进展较为顺利，稳步推进的策略执行较为到位。

二是高度重视关键核心技术专利布局。科锐在关键技术上专利布局强度很大，特别是在碳化硅领域的外延生长和器件工艺、氮化镓领域的外延生长和封装的专利布局

第6章 科锐专利布局及运用策略研究

转让人   受让人

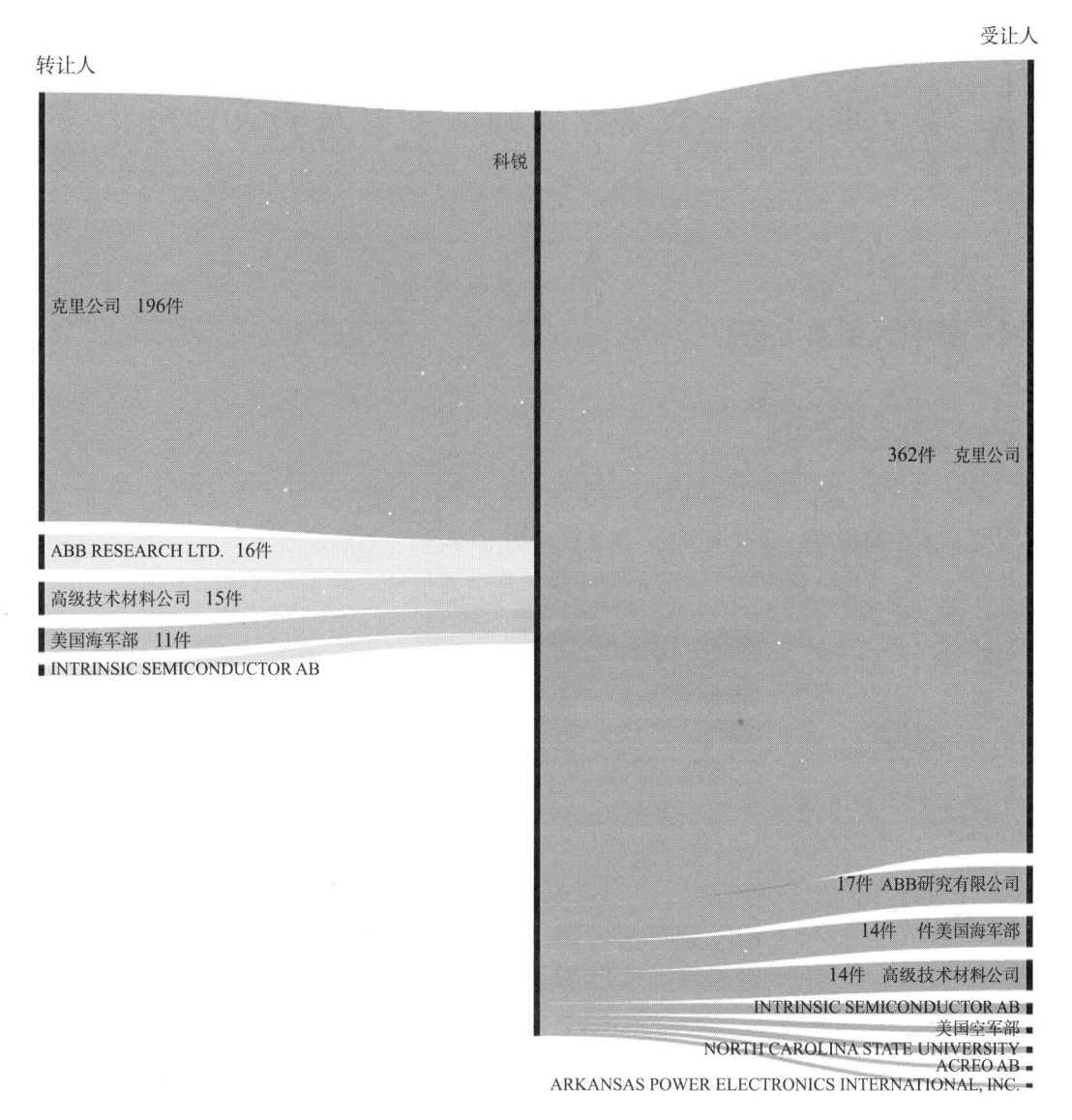

科锐

克里公司 196件   362件 克里公司

ABB RESEARCH LTD. 16件
高级技术材料公司 15件
美国海军部 11件
INTRINSIC SEMICONDUCTOR AB

17件 ABB研究有限公司
14件 美国海军部
14件 高级技术材料公司
INTRINSIC SEMICONDUCTOR AB
美国空军部
NORTH CAROLINA STATE UNIVERSITY
ACREO AB
ARKANSAS POWER ELECTRONICS INTERNATIONAL, INC.

图 6-4-1 科锐第三代半导体材料领域转让及受让专利情况

数量都接近或超过了百件。

三是高度重视技术研发团队的整体水平提升。通过对科锐发明人团队的分析可以发现,碳化硅和氮化镓领域排名前十位的发明人的申请量均在 50 件以上,大部分核心发明人之间的专利申请量数量差异不大,这说明研发团队的平均水平较高;大部分核心发明人之间都有一定数量的共同申请,说明团队成员合作沟通机制非常有效。

四是高度重视承接政府项目。科锐发生转让的很大一部分专利是和承接政府项目相关的专利。科锐充分利用自身的创新研发优势和政府项目资金结合,不仅快速推进了自身创新技术的产业化进程,也为产业发展的共性技术作出了贡献,同时有效规避了产业化前期发展的市场风险。

第7章 第三代半导体领域主要发明人分析

7.1 发明人全景分析

7.1.1 全球主要发明人

图7-1-1是第三代半导体技术全球排名前20位发明人排名。可以看出,排第一位的是日本山崎舜平,该发明人的申请数量为544件,占前20位发明人申请总量的12.9%,可以看出,该发明人的申请量较高,其申请量是美国发明人程慷果的4.4倍。

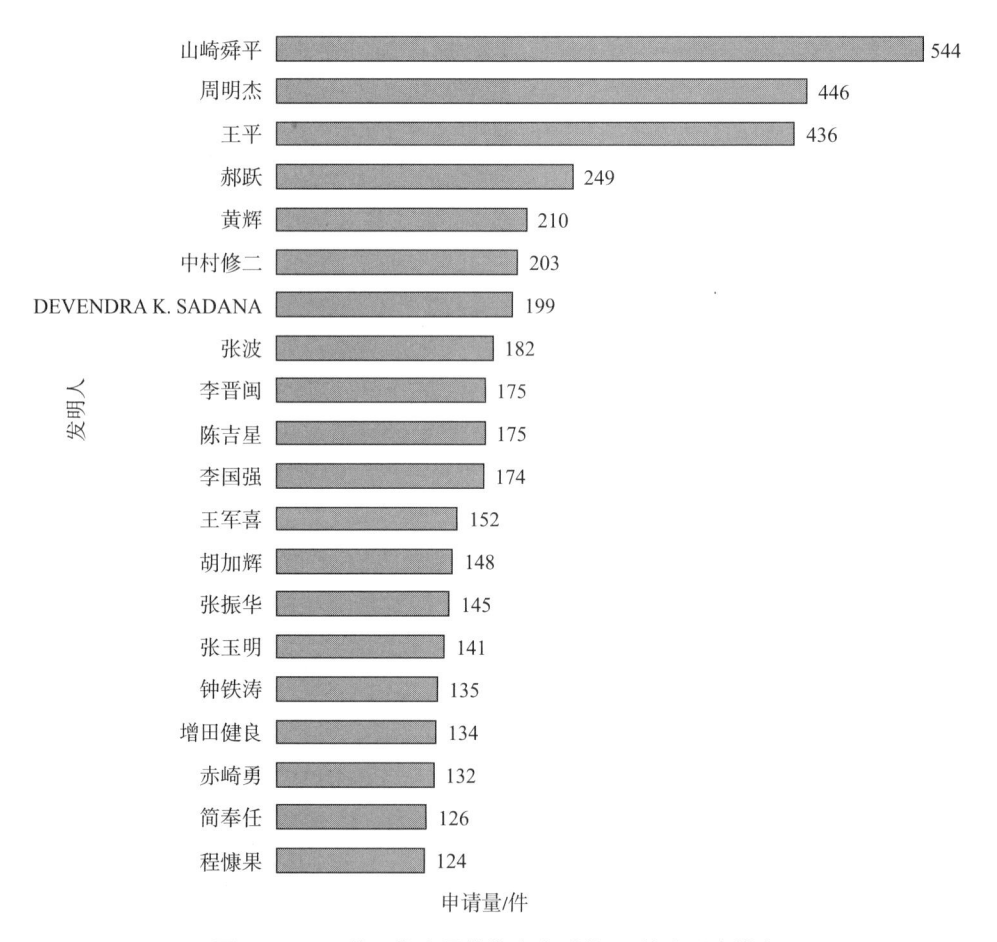

发明人	申请量/件
山崎舜平	544
周明杰	446
王平	436
郝跃	249
黄辉	210
中村修二	203
DEVENDRA K. SADANA	199
张波	182
李晋闽	175
陈吉星	175
李国强	174
王军喜	152
胡加辉	148
张振华	145
张玉明	141
钟铁涛	135
增田健良	134
赤崎勇	132
简奉任	126
程慷果	124

图7-1-1 第三代半导体技术全球前20位发明人排名

排名第二位、第三位的分别为中国发明人周明杰、王平，其申请量分别是446件、436件。排名前三位发明人的申请总量，占前20位发明人申请总量的33.7%，超过前20位发明人申请总量的1/3。可以看出，排名前三位发明人的申请量优势明显，表明第三代半导体领域的主要发明人高度集中。排名前20位发明人中，中国发明人最多，占据10位，其次是日本和美国发明人，占据4位，中国台湾发明人占据2位。可以看出，中国发明人具有数量优势，而且中国10位发明人的申请总量远超过日本、美国的申请总量，这与近几年我国注重第三代半导体领域的研究有重大关系。

图7-1-2列出了碳化硅技术全球排名前20位发明人排名。居第一位的是中国发明人张波，该发明人的申请数量为140件，占前20位发明人申请总量（2052件）的6.8%，可以看出，该发明人的申请量虽然最高，但其申请量与排名第二位日本的增田健良（134件）、排名第三位中国的郝跃（127件）差别不大，其是排名第20位的日本发明人楠本修的1.7倍，排名差距较大，但申请量差异不大。排名前三位发明人的申请总量，占前20位发明人申请总量的19.5%，不到前20位发明人申请总量的1/5。反映出在该领域，各发明人之间的研发能力差距不大，比较平均。排名前20位发明人中，日本发明人最多，占据13席，其次是中国发明人，占据4席，美国发明人占据3席。可以看出，日本发明人占前20位发明人数量的65%，具有绝对数量优势，而且日本13位发明人的申请总量也远超过其他国家/地区，这与日本在碳化硅技术领域研发较早有关。

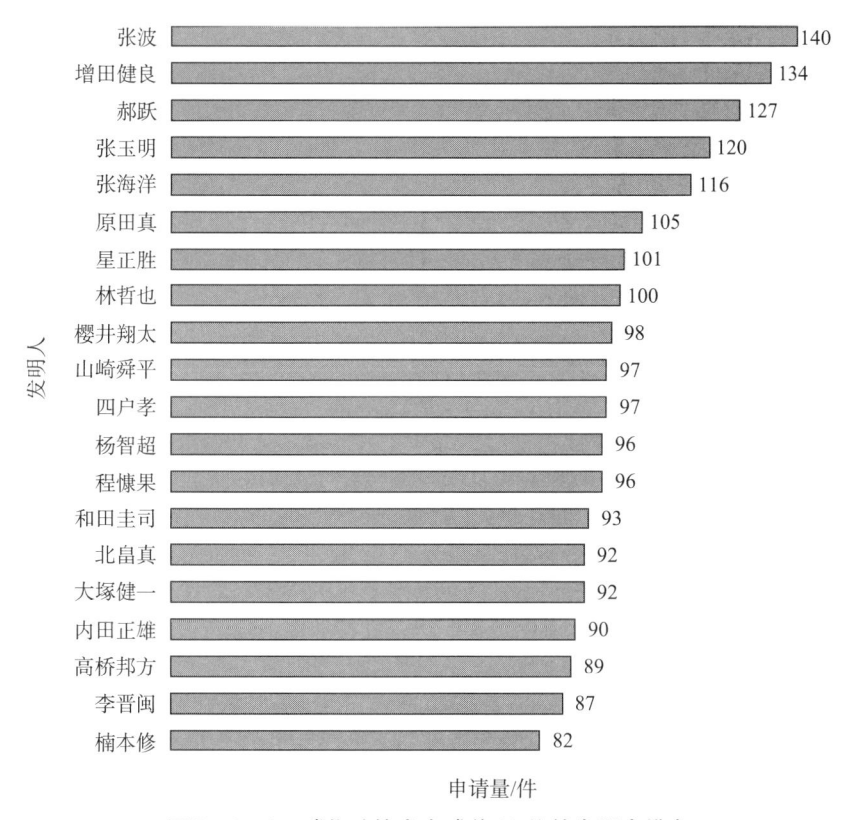

发明人	申请量/件
张波	140
增田健良	134
郝跃	127
张玉明	120
张海洋	116
原田真	105
星正胜	101
林哲也	100
樱井翔太	98
山崎舜平	97
四户孝	97
杨智超	96
程慷果	96
和田圭司	93
北畠真	92
大塚健一	92
内田正雄	90
高桥邦方	89
李晋闽	87
楠本修	82

图7-1-2 碳化硅技术全球前20位的发明人排名

图7-1-3列出了氮化镓技术全球排名前20位发明人排名。居第一位的是中国发明人郝跃,该发明人的申请数量为222件,占前20位发明人申请总量的8.5%,可以看出,该发明人的申请量较高,其申请量是第20位发明人DEVENDRA K. SADANA的2.3倍,排名差距较大,申请量差异也较大。排名第二位、第三位的为日本发明人中村修二、山崎舜平,其申请量分别是199件、175件。排名前三位发明人的申请总量占前20位发明人申请总量的22.9%,超过前20位发明人申请总量的1/5。可以看出,排名前三位发明人的申请量优势明显,从而表明氮化镓技术领域的主要发明人高度集中。排名前20位的发明人中,日本发明人最多,占据10席,其次是中国发明人占据8席,中国台湾发明人和美国发明人各占据1席。可以看出,日本发明人具有数量优势,占前20位发明人的一半,这与日本在氮化镓技术领域研发较早有关。

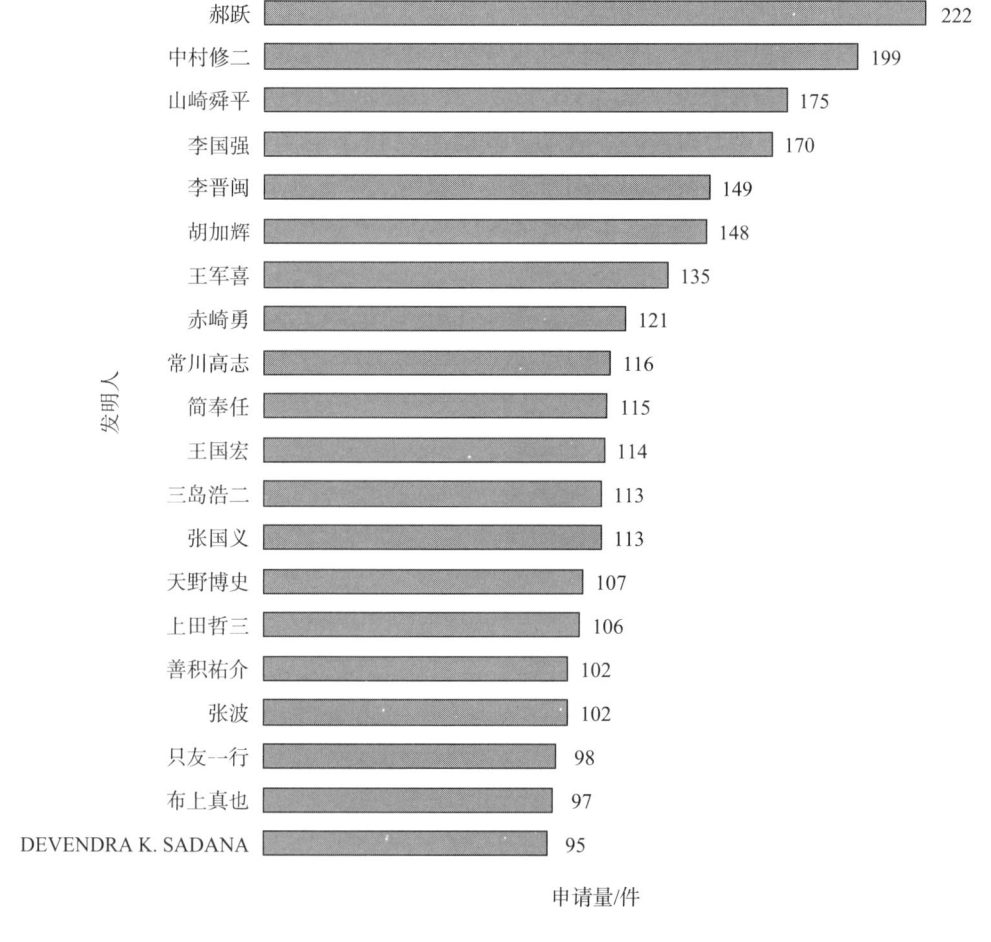

发明人	申请量/件
郝跃	222
中村修二	199
山崎舜平	175
李国强	170
李晋闽	149
胡加辉	148
王军喜	135
赤崎勇	121
常川高志	116
简奉任	115
王国宏	114
三岛浩二	113
张国义	113
天野博史	107
上田哲三	106
善积祐介	102
张波	102
只友一行	98
布上真也	97
DEVENDRA K. SADANA	95

图7-1-3 氮化镓技术全球前20位发明人专利排名

图7-1-4列出了其他材料技术领域全球排名前20位发明人排名。居第一位的是日本发明人山崎舜平,该发明人的申请数量为491件,占前20位发明人申请总量的

17.2%，可以看出，该发明人的申请量较高，其申请量为第 20 位中国发明人钱磊的 8.6 倍，排名差距较大，申请量差异巨大。排名第二位、第三位的为中国发明人周明杰、王平，其申请量分别是 403 件、386 件。排名前三位发明人的申请总量占前 20 位发明人申请总量的 44.8%，占比接近前 20 位发明人申请总量的一半。可以看出，排名前三位发明人的申请量占据绝对优势，从而表明其他材料技术领域的主要发明人高度集中。排名前 20 位的发明人中，中国发明人最多，占据 14 席，其次是日本发明人，占据 5 席。可以看出，中国发明人具有数量优势，而且中国 14 位发明人的申请总量也远超过日本 5 位申请人的申请总量，可以看出，与碳化硅和氮化镓技术领域不同，中国发明人在其他材料领域占据明显优势。

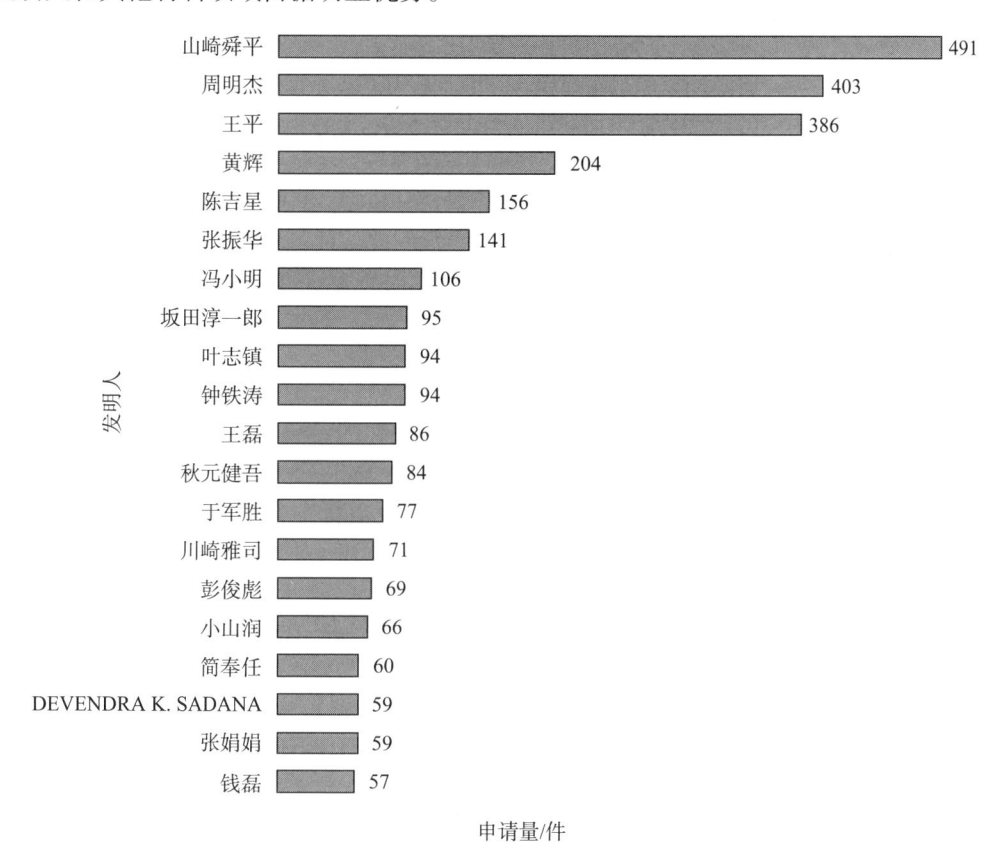

发明人	申请量/件
山崎舜平	491
周明杰	403
王平	386
黄辉	204
陈吉星	156
张振华	141
冯小明	106
坂田淳一郎	95
叶志镇	94
钟铁涛	94
王磊	86
秋元健吾	84
于军胜	77
川崎雅司	71
彭俊彪	69
小山润	66
简奉任	60
DEVENDRA K. SADANA	59
张娟娟	59
钱磊	57

图 7-1-4 其他材料技术全球前 20 位发明人排名

7.1.2 技术分支主要发明人

图 7-1-5 列出了碳化硅器件技术领域全球排名前 20 位发明人排名。居第一位的是中国发明人张波，该发明人的申请数量为 126 件，占前 20 位发明人申请总量的 10.4%，可以看出，该发明人的申请量较高，排名第二位、第三位的为中国发明人郝跃、张玉明，其申请量分别是 91 件、78 件，申请量分别是排名第一位申请量的 72.2%、61.9%，申请量相差明显。排名前三位发明人的申请总量占前 20 位发明人申

请总量的24.4%，占比接近前20位发明人申请总量的1/4。可以看出，排名前三位发明人的申请量占据优势，表明在碳化硅器件技术领域的主要发明人比较集中。而排名第4～20位的发明人申请量变化不大，排名第四位的发明人的申请量仅是排名第20位发明人申请的1.5倍。可以看出，在该领域，除了前三位重要发明人之外，其余发明人的研发能力比较接近。从发明人所属国家和地区来看，排名前20位发明人中，中国发明人最多，占据12席，其次是日本发明人，占据5席，美国发明人占据3席。可以看出，中国发明人具有数量优势，而且中国12位发明人申请总量也远超过日本5位申请人的申请总量，说明中国发明人在碳化硅器件技术领域占据明显优势。

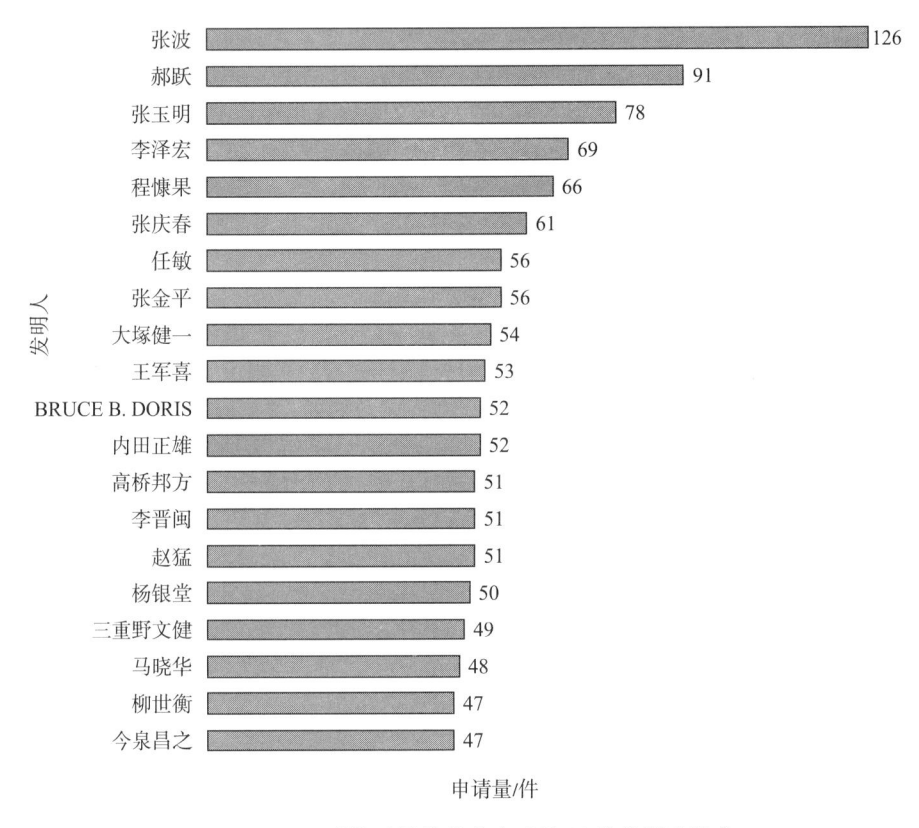

发明人	申请量/件
张波	126
郝跃	91
张玉明	78
李泽宏	69
程慷果	66
张庆春	61
任敏	56
张金平	56
大塚健一	54
王军喜	53
BRUCE B. DORIS	52
内田正雄	52
高桥邦方	51
李晋闽	51
赵猛	51
杨银堂	50
三重野文健	49
马晓华	48
柳世衡	47
今泉昌之	47

图7-1-5 碳化硅器件技术全球前20位发明人排名

图7-1-6列出了碳化硅应用技术领域全球排名前20位发明人排名。居第一位的是中国发明人张玉明，该发明人的申请数量为19件，占前20位发明人申请总量的8.5%，可以看出，该发明人的申请量较高，排名第二位、第三位的分别为日本发明人山崎舜平和中国发明人夏立群，其申请量分别是17件、15件，排名前三位发明人的申请总量，占前20位发明人申请总量的22.9%，占比超过前20位发明人申请总量的1/5。可以看出，排名前三位发明人的申请量占据优势，表明在碳化硅应用技术领域的主要发明人比较集中。而排名第5～20位的发明人申请量变化不大，第五位发明人申请量仅是第20位发明人申请量的1.3倍。在该领域，除了前几位重要发明人之外，其

余发明人的研发能力比较接近。从发明人所属国家和地区来看，前20位发明人中，中国发明人最多，占据7席，其次是日本发明人和美国发明人各占据6席，韩国发明人占据1席。可以看出，在该领域，中、日、美三国的重要发明人数量相当，不存在明显具有优势的一方。

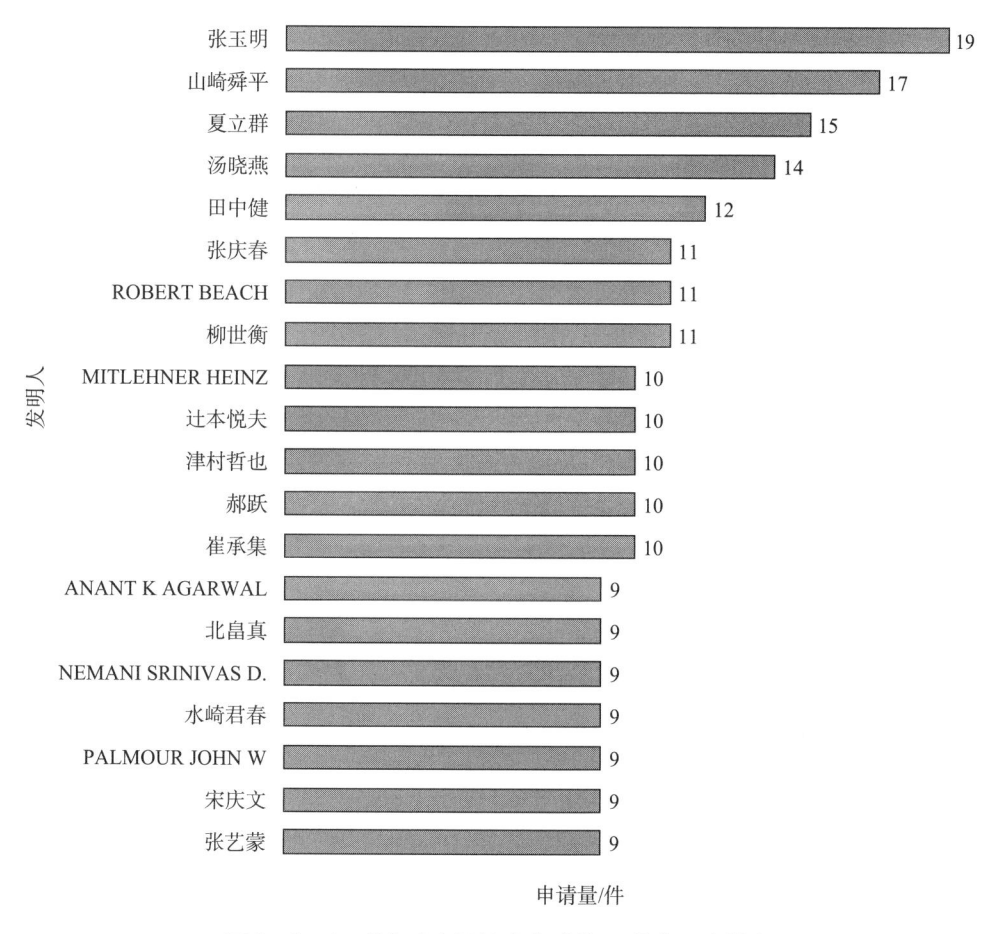

发明人	申请量/件
张玉明	19
山崎舜平	17
夏立群	15
汤晓燕	14
田中健	12
张庆春	11
ROBERT BEACH	11
柳世衡	11
MITLEHNER HEINZ	10
辻本悦夫	10
津村哲也	10
郝跃	10
崔承集	10
ANANT K AGARWAL	9
北畠真	9
NEMANI SRINIVAS D.	9
水崎君春	9
PALMOUR JOHN W	9
宋庆文	9
张艺蒙	9

图7-1-6 碳化硅应用技术全球前20位发明人排名

图7-1-7列出了碳化硅制备技术领域全球排名前20位发明人排名。居第一位的是中国发明人郝跃，该发明人的申请数量为124件，占前20位发明人申请总量的7.5%，可以看出，该发明人的申请量较高，排名第二位到第四位的分别为中国发明人张玉明、张波、张海洋，其申请量分别是120件、119件、115件，前四位发明人的申请总量占前20位发明人申请总量的28.8%，占比超过前20位发明人申请总量的1/4。可以看出，前四位发明人的申请量占据优势，表明在碳化硅制备技术领域的主要发明人比较集中。排名第5～20位发明人申请量变化不大，第五位发明人申请量仅是第20位发明人申请量的1.3倍。可以看出，在该领域，除了前几位重要发明人之外，其余发明人的研发能力比较接近。从发明人所属国家和地区来看，前20位的发明人中，中国发明人最多，占据10席，其次是日本发明人，占据7席，美国发明

人占据 2 席，韩国发明人占据 1 席。中国发明人不仅数量占据优势，而且前四位重要发明人都是中国发明人，足以显示中国发明人在碳化硅制备技术领域具有很强的研发实力。

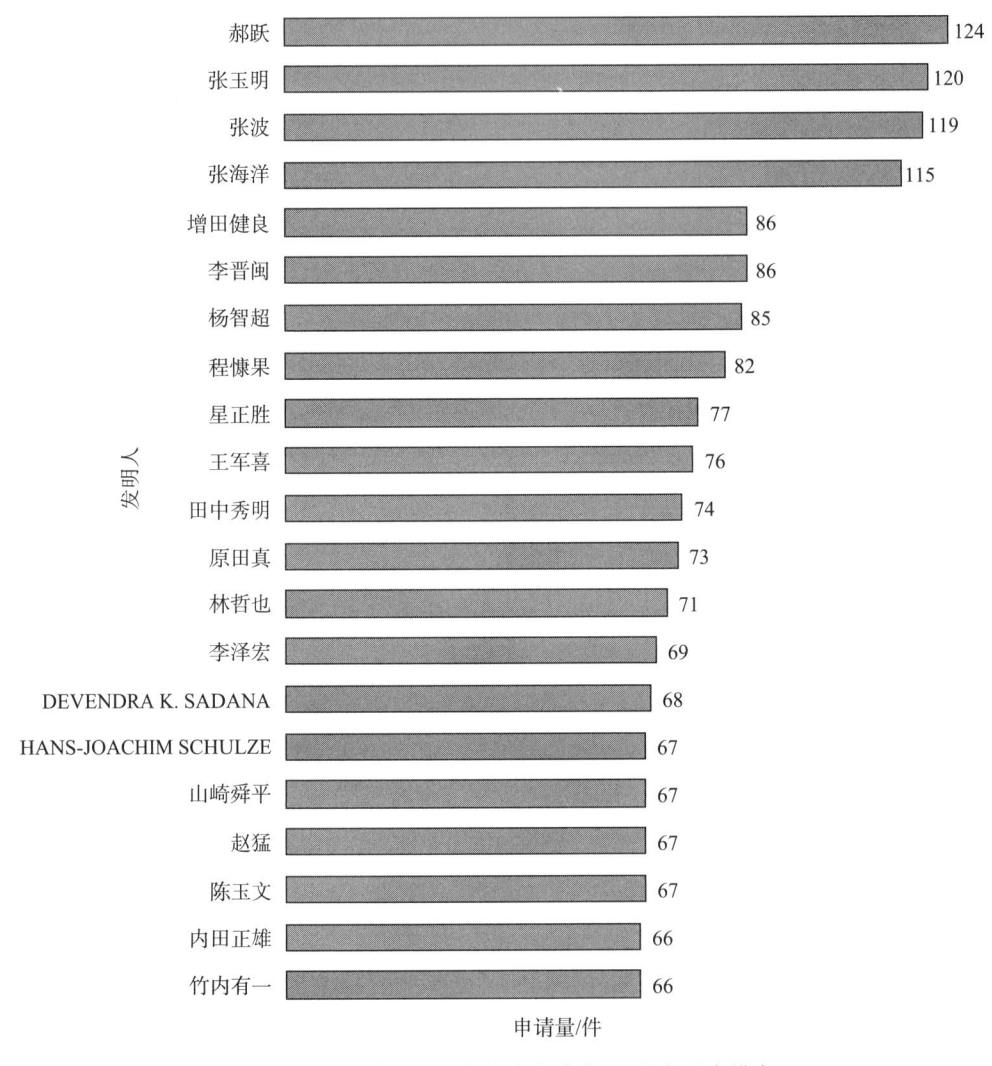

发明人	申请量/件
郝跃	124
张玉明	120
张波	119
张海洋	115
增田健良	86
李晋闽	86
杨智超	85
程慷果	82
星正胜	77
王军喜	76
田中秀明	74
原田真	73
林哲也	71
李泽宏	69
DEVENDRA K. SADANA	68
HANS-JOACHIM SCHULZE	67
山崎舜平	67
赵猛	67
陈玉文	67
内田正雄	66
竹内有一	66

图 7-1-7　碳化硅制备技术全球前 20 位发明人排名

图 7-1-8 列出了氮化镓器件及应用技术领域全球前 20 位发明人排名。居第一位的是中国发明人郝跃，该发明人的申请数量为 164 件，占前 20 位发明人申请总量发明人的 7.7%，可以看出，该发明人的申请量较高，第二位和第三位的分别为日本发明人山崎舜平、中村修二，其申请量分别是 158 件、155 件；前三位发明人的申请总量占前 20 位发明人申请总量的 22.3%，占比超过前 20 位发明人申请总量的 1/5。可以看出，前三位发明人的申请量占据一定优势，表明在氮化镓器件及应用技术领域的主要发明人比较集中。第四位发明人申请量仅是第 20 位发明人申请量的 1.86 倍。可以看出，相比碳化硅技术，发明人的研发能力变化较大。从发明人所属国家和地区来看，前 20 位

发明人中，中国发明人最多，占据 12 席，其次是日本发明人占据 8 席。在氮化镓器件及应用技术领域，重要发明人全部集中在中日两国，说明两国对于该技术领域研发的重视。

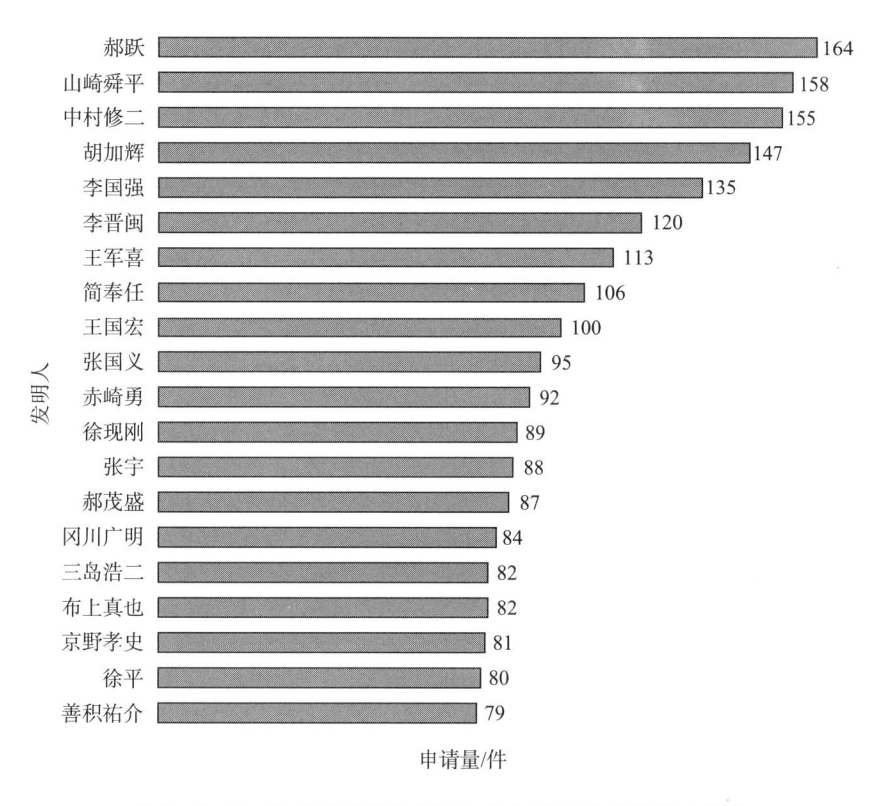

发明人	申请量/件
郝跃	164
山崎舜平	158
中村修二	155
胡加辉	147
李国强	135
李晋闽	120
王军喜	113
简奉任	106
王国宏	100
张国义	95
赤崎勇	92
徐现刚	89
张宇	88
郝茂盛	87
冈川广明	84
三岛浩二	82
布上真也	82
京野孝史	81
徐平	80
善积祐介	79

图 7-1-8　氮化镓器件及应用技术全球前 20 位发明人排名

图 7-1-9 列出了氮化镓制备技术领域全球前 20 位发明人排名。居第一位的是中国发明人郝跃，该发明人的申请数量为 218 件，占前 20 位发明人申请总量的 9.3%，可以看出，该发明人的申请量较高，排名第二位和第三位的分别为中国发明人李国强、日本发明人中村修二，其申请量分别是 167 件、160 件，前三位发明人的申请总量占前 20 位发明人申请总量的 23.3%，占比超过前 20 位发明人申请总量的 1/5。可以看出，前三位发明人的申请量占据一定优势，表明在氮化镓制备技术领域的主要发明人比较集中。而且，第一发明人申请量是第二发明人申请量的 1.3 倍，是第 20 位发明人的 2.6 倍，说明第一发明人研发能力远超其他发明人。第四位发明人申请量是第 20 位发明人申请量的 1.74 倍。这与氮化镓器件及应用技术领域类似，发明人的研发能力变化较大。从发明人所属国家和地区来看，前 20 位发明人中，中国发明人最多，占据 12 席，其次是日本发明人占据 7 席。可以看出，与氮化镓器件及应用技术领域类似，在氮化镓制备技术领域，重要发明人大部分集中在中日两国，说明两国对于该技术领域研发的重视。

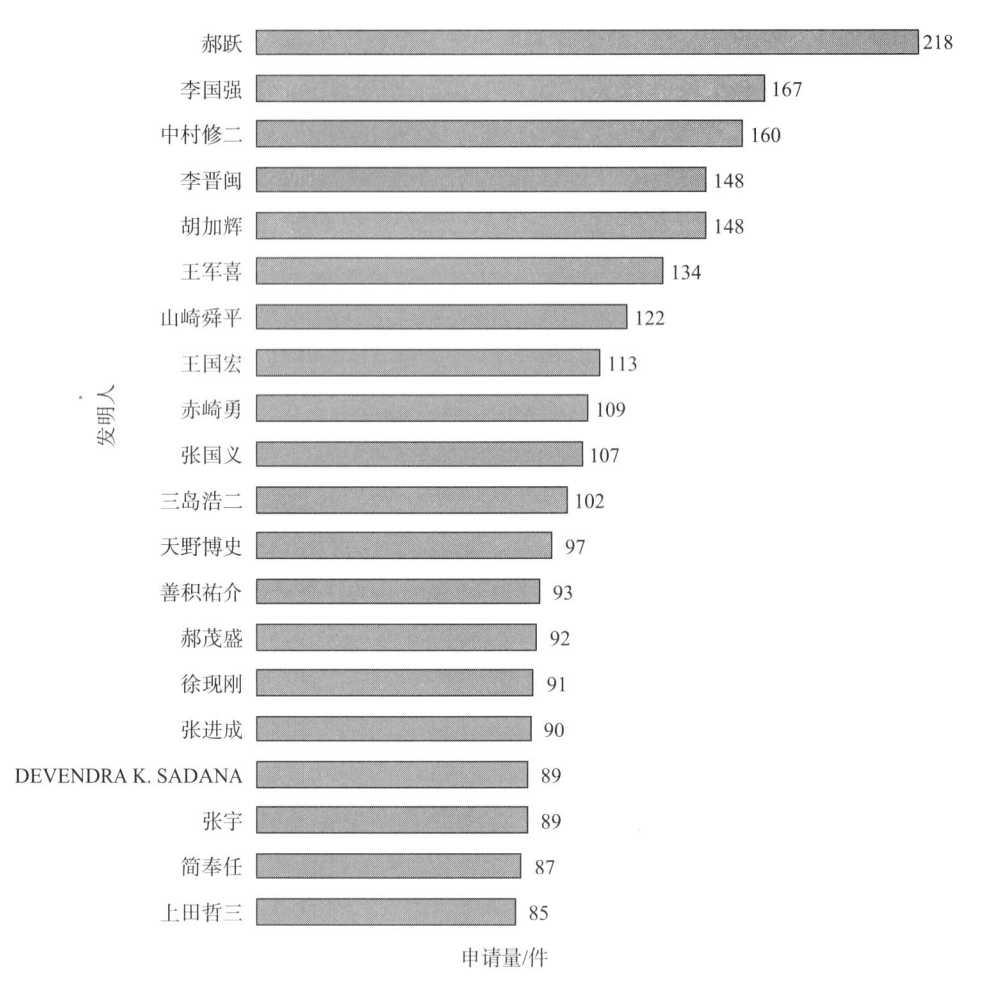

发明人	申请量/件
郝跃	218
李国强	167
中村修二	160
李晋闽	148
胡加辉	148
王军喜	134
山崎舜平	122
王国宏	113
赤崎勇	109
张国义	107
三岛浩二	102
天野博史	97
善积祐介	93
郝茂盛	92
徐现刚	91
张进成	90
DEVENDRA K. SADANA	89
张宇	89
简奉任	87
上田哲三	85

图 7-1-9 氮化镓制备技术全球前 20 位发明人排名

7.2 国外主要发明人

7.2.1 国外发明人

表 7-2-1 列出了第三代半导体技术领域排名前十的国外发明人。从表中可以看出，居第一位的是日本发明人 SHUNPEI YAMAZAKI，该发明人的申请数量为 544 件，占前十发明人申请总量的 30.4%，可以看出，该发明人的申请量占比接近 1/3，占据绝对优势。其申请量是第二位美国发明人 DEVENDRA K. SADANA 的 2.7 倍，是第三位韩国发明人야마자키 순페이的 3.0 倍，是第十位发明人 UEDA TETSUZO 申请量的 4.7 倍。可以看出，前十位国外发明人研发能力变化很大。前三位发明人的申请总量占前十发明人申请总量的 51.6%，占比超过前十发明人申请总量的一半。可以看出，前三位发明人的申请量占据绝对优势，表明在第三代半导体技术领域的主要发明人高度集中。

从发明人所属国家和地区来看，排名前十位发明人中，只有两位美国发明人和一位韩国发明人，其余 7 位均为日本发明人，说明在国外发明人中，日本占据绝对优势地位，是我国发明人主要的竞争对象。

表 7-2-1　第三代半导体领域主要发明人专利申请数量排名

排名	发明人（设计）人	专利申请数量/件
1	SHUNPEI YAMAZAKI	544
2	DEVENDRA K. SADANA	199
3	야마자키 순페이	181
4	MASUDA TAKEYOSHI	134
5	AKASAKI ISAMU	132
6	KANGGUO CHENG	124
7	AMANO HIROSHI	122
8	OKAGAWA HIROAKI	120
9	MASUDA TAKEYOSHI	119
10	UEDA TETSUZO	116

表 7-2-2 列出了碳化硅技术领域排名前十的国外发明人。从表中可以看出，居第一位的是日本发明人 MASUDA TAKEYOSHI，该发明人的申请数量为 134 件，占前十发明人申请总量的 13.0%，该发明人的申请量占据一定优势。前三位发明人的申请总量占前十发明人申请总量的 34.2%，占比超过前十发明人申请总量的 1/3。可以看出，前三位发明人的申请量占据优势，表明在碳化硅技术领域的主要发明人比较集中，但是其集中程度不如第三代半导体技术。从发明人所属国家和地区来看，前十位发明人均为日本发明人，说明日本囊括了碳化硅技术领域的重要发明人，其研发实力占据绝对优势，是我国发明人主要的竞争对手。

表 7-2-2　碳化硅领域主要发明人专利申请数量排名

排名	发明人（设计）人	专利申请数量/件
1	MASUDA TAKEYOSHI	134
2	増田健良	114
3	原田真	105
4	HOSHI MASAKATSU	101
5	HAYASHI TETSUYA	100
6	TANAKA HIDEAKI	98
7	YAMAZAKI SHUNPEI	97
8	四戸孝	97
9	WADA KEIJI	93
10	KITAHATA MAKOTO	92

表7-2-3列出了氮化镓技术领域排名前十的国外发明人。从表中可以看出，居第一位的是日本发明人NAKAMURA SHUJI，该发明人的申请数量为199件，占前排名前十的发明人申请总量1248件的15.9%，可以看出，该发明人的申请量占据一定优势。前三位发明人的申请总量，占前十发明人申请总量的39.7%，占比超过前十发明人申请总量的1/3。可以看出，前三位发明人的申请量占据比较大的优势，表明在氮化镓技术领域的主要发明人比较集中，其集中程度不如第三代半导体技术，但超过了碳化硅技术。从发明人所属国家和地区来看，前十位发明人均为日本发明人，说明日本囊括了氮化镓技术领域的全部重要发明人，其研发实力占据绝对优势，是我国发明人主要的竞争对手。

表7-2-3　氮化镓领域主要发明人专利申请数量排名

排名	发明人（设计）人	专利申请数量/件
1	NAKAMURA SHUJI	199
2	SHUNPEI YAMAZAKI	175
3	AKASAKI ISAMU	121
4	OKAGAWA HIROAKI	116
5	UENO MASANORI	113
6	中村修二	111
7	AMANO HIROSHI	107
8	UEDA TETSUZO	106
9	YOSHIZUMI YUSUKE	102
10	TADATOMO KAZUYUKI	98

表7-2-4列出了其他材料技术领域排名前十的国外发明人。从表中可以看出，居第一位的是日本发明人SHUNPEI YAMAZAKI，该发明人的申请数量为491件，占前十发明人申请总量的38.8%，可以看出，该发明人的申请量占比超过1/3，占据绝对优势。其申请量是第二位韩国发明人야마자키 순페이的2.9倍，是排名第三位日本发明人SAKATA JUNICHIRO的5.2倍，是排名第十位韩国发明人이종람申请量的8.0倍。可以看出，前十位国外发明人研发能力变化很大。前两位发明人的申请总量占前十发明人申请总量的52.4%，占比超过前十发明人申请总量的一半。可以看出，前两位发明人的申请量占据绝对优势，表明在其他材料技术领域的主要发明人高度集中。从发明人所属国家和地区来看，前十位发明人中，有两位韩国发明人，其余8位均为日本发明人，说明在国外发明人中，日本占据绝对优势地位。

表 7-2-4 其他材料领域主要发明人专利申请数量排名

排名	发明人（设计）人	专利申请数量/件
1	SHUNPEI YAMAZAKI	491
2	야마자키 순페이	172
3	SAKATA JUNICHIRO	95
4	AKIMOTO KENGO	84
5	坂田淳一郎	82
6	秋元健吾	82
7	KAWASAKI MASASHI	71
8	JUN KOYAMA	66
9	小山润	61
10	이종람	61

7.2.2 技术分支主要发明人

表 7-2-5 列出了碳化硅制备技术分支排名前八的发明人。从表中可以看出，居第一位的是日本发明人 MASUDA TAKEYOSHI，该发明人的申请数量为 86 件，占前八发明人申请总量的 14.9%。从发明人的申请量变化来看，申请量排名第一的发明人申请量为第八发明人申请量的 1.3 倍，主要发明人之间的申请量变化不大，说明主要发明人之间的研发能力比较均衡。从发明人所属国家和地区来看，前八位发明人中，7 位为日本发明人，1 位为美国发明人，说明日本几乎囊括了碳化硅制备技术领域的全部重要发明人，其研发实力占据绝对优势。

表 7-2-5 碳化硅制备领域主要发明人专利申请数量排名

排名	发明人（设计）人	专利申请数量/件
1	MASUDA TAKEYOSHI	86
2	HOSHI MASAKATSU	77
3	TANAKA HIDEAKI	74
4	HAYASHI TETSUYA	71
5	DEVENDRA K. SADANA	68
6	HANS-JOACHIM SCHULZE	67
7	YAMAZAKI SHUNPEI	67
8	UCHIDA MASAO	66

表7-2-6列出了碳化硅器件技术分支排名前十的发明人。从表中可以看出，居第一位的是日本发明人大塚健一，该发明人的申请数量为54件，占前十发明人申请总量的11.0%，仅超过平均值的1%。从各发明人的申请量变化来看，申请量排名第一的发明人申请量为排名第十发明人申请量的1.2倍，各主要发明人之间的申请量变化不大，说明主要发明人之间的研发能力比较均衡。从发明人所属国家和地区来看，排名前十位发明人中，8位为日本发明人，韩国发明人和美国发明人各有1位，说明日本占据了碳化硅器件技术领域的大部分重要发明人，其研发实力占据绝对优势。

表7-2-6 碳化硅器件领域主要发明人专利申请数量排名

排名	发明人（设计）人	专利申请数量/件
1	大塚健一	54
2	BRUCE B. DORIS	52
3	内田正雄	52
4	UCHIDA MASAO	51
5	三重野文健	49
6	SEI-HYUNG RYU	47
7	今泉昌之	47
8	OTSUKA KENICHI	46
9	YAMAZAKI SHUNPEI	46
10	TAKAHASHI KUNIMASA	45

表7-2-7列出了碳化硅应用技术分支排名前十的发明人。从表中可以看出，居第一位的是日本发明人YAMAZAKI SHUNPEI，该发明人的申请数量为17件，占前十发明人申请总量的15.6%，可以看出，该发明人占据一定优势。从各发明人的申请量变化来看，申请量排名第一的发明人申请量为排名第十发明人申请量的1.9倍，各主要发明人之间的申请量变化较大，说明主要发明人之间的研发能力存在一定差别。从发明人所属国家和地区来看，排名前十位的发明人中，5位为日本发明人，韩国发明人2位，美国发明人2位，德国发明人1位，说明日本占据了碳化硅应用技术领域一半的重要发明人，其研发实力占据优势。但不同于碳化硅制备和碳化硅器件日本发明人占据绝对优势的情况，在碳化硅应用领域，其余5位重要发明人分散在3个国家，说明在这个领域各主要国家均具有一定研发实力。

表7-2-8列出了氮化镓制备技术分支排名前十的发明人。从表中可以看出，居第一位的是日本发明人NAKAMURA SHUJI，该发明人的申请数量为160件，占前十发明人申请总量的15.6%，可以看出，该发明人占据一定优势。从各发明人的申请量变化来看，申请量排名第一的发明人申请量为第十发明人申请量的1.9倍，各主要发明人之间的申请量变化较大，说明主要发明人之间的研发能力存在一定差别。从发明人

所属国家和地区来看，排名前十位的发明人中，9位为日本发明人，美国发明人有1位，说明日本占据了氮化镓制备技术领域的大部分重要发明人，其研发实力占据绝对优势。

表7-2-7 碳化硅应用领域主要发明人专利申请数量排名

排名	发明人（设计）人	专利申请数量/件
1	YAMAZAKI SHUNPEI	17
2	TANAKA TAKESHI	12
3	ROBERT BEACH	11
4	SEI-HYUNG RYU	11
5	MITLEHNER HEINZ	10
6	TSUJIMOTO ETSUO	10
7	TSUMURA TETSUYA	10
8	이종람	10
9	ANANT K. AGARWAL	9
10	KITAHATA MAKOTO	9

表7-2-8 氮化镓制备领域主要发明人专利申请数量排名

序号	发明人（设计）人	专利申请数量/件
1	NAKAMURA SHUJI	160
2	SHUNPEI YAMAZAKI	122
3	AKASAKI ISAMU	109
4	UENO MASANORI	102
5	AMANO HIROSHI	97
6	YOSHIZUMI YUSUKE	93
7	DEVENDRA K. SADANA	89
8	UEDA TETSUZO	85
9	上野昌纪	85
10	中村修二	84

表7-2-9列出了氮化镓器件及应用技术分支排名前十的发明人。从表中可以看出，居第一位的是日本发明人SHUNPEI YAMAZAKI，该发明人的申请数量为158件，占前十发明人申请总量的17.6%，可以看出，该发明人占据一定优势。从各发明人的申请量变化来看，申请量排名第一的发明人申请量为排名第二发明人申请量的1.7倍，两者差距较大，第一发明人远超其他发明人。从第二发明人开始，其余主要发明人之

间的申请量变化不大，说明其余主要发明人之间的研发能力没有明显差别。从发明人所属国家和地区来看，排名前十位的发明人均为日本发明人，说明日本囊括了氮化镓器件及应用技术领域的全部重要发明人，其研发实力占据绝对优势，是我国发明人主要的竞争对手。

表7-2-9　氮化镓器件及应用领域主要发明人专利申请数量排名

排名	发明人（设计）人	专利申请数量/件
1	SHUNPEI YAMAZAKI	158
2	AKASAKI ISAMU	92
3	中村修二	89
4	OKAGAWA HIROAKI	84
5	UENO MASANORI	82
6	布上真也	82
7	KYONO TAKASHI	81
8	YOSHIZUMI YUSUKE	79
9	AMANO HIROSHI	75
10	SHUJI NAKAMURA	75

第8章 第三代半导体领域专利转让策略研究

8.1 专利转让态势分析

8.1.1 专利转让趋势

图8-1-1列出了第三代半导体专利转让趋势,从图中可以看出,碳化硅领域专利转让最多,为25804件,占比36.1%;其次,氮化镓领域的专利转让为23165件,占比32.4%;最后,其他材料领域的专利转让为22487件,占比31.5%。三个技术领域的专利转让总体差别不大。从转让年代来看,在技术发展初期,主要的专利转让领域是碳化硅和其他材料,随着氮化镓技术的发展,1995年之后,氮化镓的专利转让数量开始增加,但其专利转让的绝对数量仍落后碳化硅和其他材料。2010~2015年,三个领域专利转让的数量快速增加,2015年达到峰值。此时,氮化镓专利年转让数量已经超过其他材料,仅次于碳化硅。

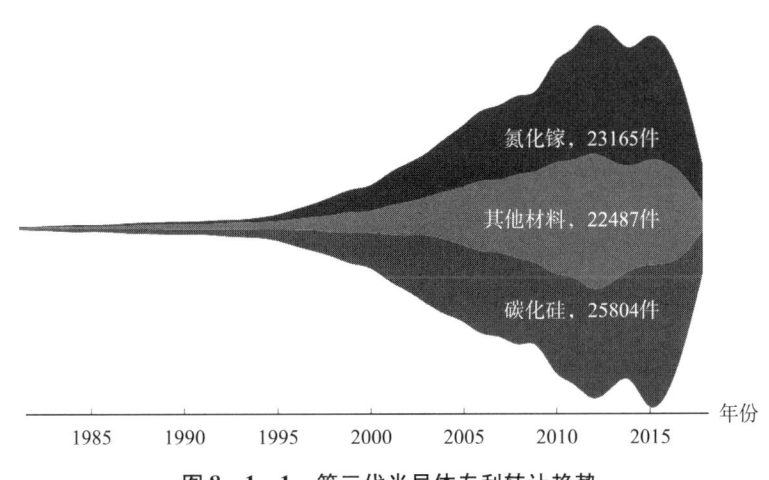

图8-1-1 第三代半导体专利转让趋势

8.1.2 专利转让主要区域

图8-1-2为第三代半导体领域全球专利转让主要来源国家/地区。可以看出,专利转让前五位的分别是日本、美国、韩国、中国和中国台湾。日本处于第一位,其专利转让达2668件,占前五位专利转让总和的35.5%;美国处于第二位,其专利转让达

2450 件，占前五位专利转让总和的 32.6%；日本和美国的专利转让数量共占比 68.1%，显示出两国在第三代半导体领域的绝对优势地位。韩国处于第三位，其专利转让达 1268 件，占前五位专利转让总和的 16.9%；中国处于第四位，其专利转让达 596 件，占前五位专利转让总和的 8.0%；中国台湾处于第五位，其专利转让达 539 件，占前五位专利转让总和的 7.2%。与美国和日本相比，我国专利转让数量仍较少。

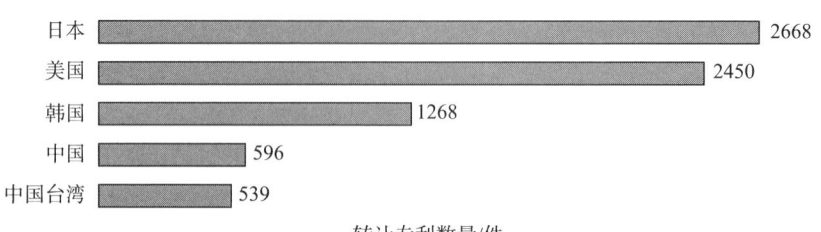

国家/地区	转让专利数量/件
日本	2668
美国	2450
韩国	1268
中国	596
中国台湾	539

图 8-1-2　第三代半导体领域全球专利转让主要来源国家/地区

图 8-1-3 列出了碳化硅、氮化镓和其他材料领域全球专利转让的主要来源国家和地区。从图中可以看出，在碳化硅领域，美国专利转让居第一位，其共转让 1395 件，占前五位专利转让总和的 39.2%；转让数量最少的是韩国，占前五位专利转让总和的 8%。在氮化镓领域，日本的专利转让居第一位，共转让 1233 件，占前五位专利转让总和的 36.6%；转让数量最少的是中国台湾，占前五位专利转让总和的 7.8%。在其他材料领域，日本的专利转让居第一位，其共转让 1249 件，占前五位专利转让总和的 37.1%；转让数量最少的是中国，占前五位专利转让总和的 7.3%。从各国家/地区在各技术领域的转让重点来看，日本各技术领域的转让比较均衡；美国侧重于碳化硅，在其他材料领域转让比较少；韩国与美国恰好相反，侧重于其他材料，在碳化硅领域最少；中国、中国台湾与美国类似，侧重于碳化硅，在其他材料领域比较少。

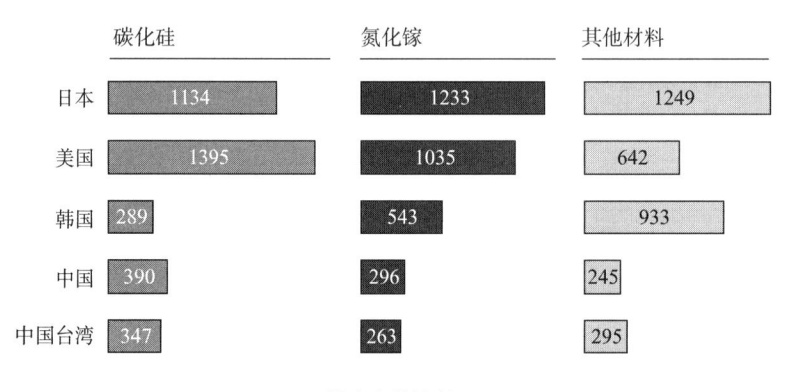

国家/地区	碳化硅	氮化镓	其他材料
日本	1134	1233	1249
美国	1395	1035	642
韩国	289	543	933
中国	390	296	245
中国台湾	347	263	295

转让专利量/件

图 8-1-3　碳化硅、氮化镓及其他材料领域全球专利转让主要来源国家/地区

8.1.3　专利转让人排名

图 8-1-4 是第三代半导体领域专利转让人排名。第一位是 IBM，其专利转让数量

为 858 件，占前 20 位转让总量的 15.2%，排名第二位的是格罗方德半导体公司，其专利转让数量为 720 件，占前 20 位公司转让总量的 12.8%，排名前两位公司共计占前 20 位公司转让总量的 28%。可以看出，在第三代半导体领域，专利转让的集中度很高。排名第三位公司是三星，其专利转让数量为 493 件，占排名前 20 位公司转让总量的 8.8%。从各公司所属国家/地区来看，排名前十位的公司中，日本占据其中的 5 家，美国占据其中的 4 家，韩国占据 1 家。可以看出，在该领域的专利转让，日本和美国在公司数量上平分秋色。在专利转让数量上，美国公司以 3029 件远超过日本公司的 1931 件。说明美国公司在专利转让中最为活跃。

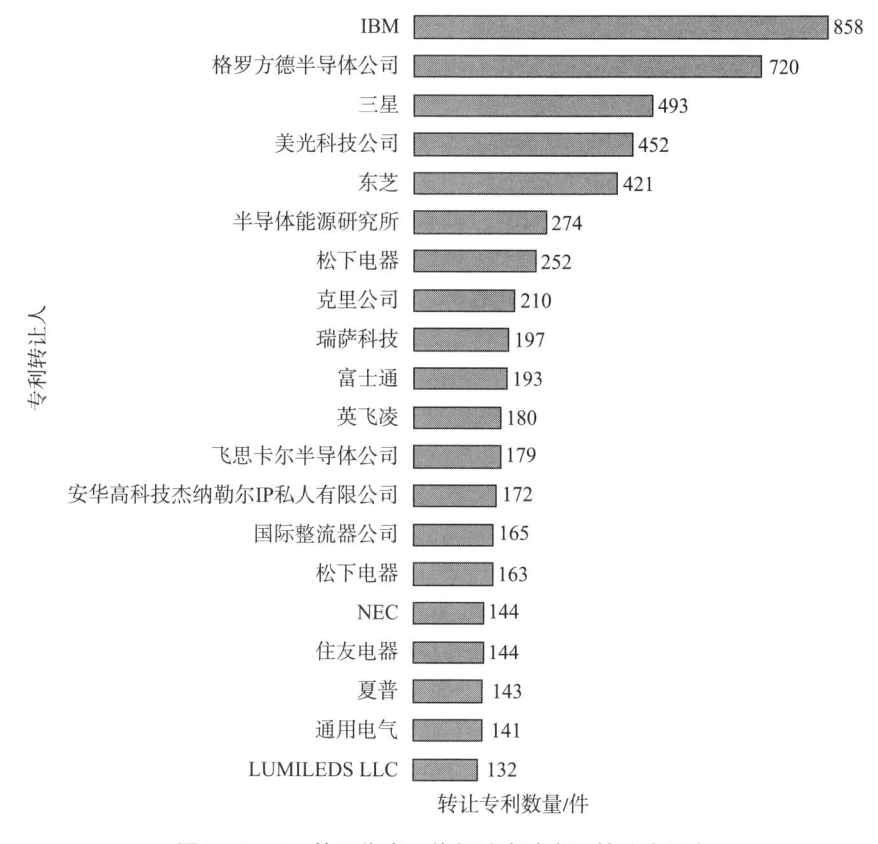

专利转让人	转让专利数量/件
IBM	858
格罗方德半导体公司	720
三星	493
美光科技公司	452
东芝	421
半导体能源研究所	274
松下电器	252
克里公司	210
瑞萨科技	197
富士通	193
英飞凌	180
飞思卡尔半导体公司	179
安华高科技杰纳勒尔IP私人有限公司	172
国际整流器公司	165
松下电器	163
NEC	144
住友电器	144
夏普	143
通用电气	141
LUMILEDS LLC	132

图 8-1-4　第三代半导体领域全球专利转让人排名

图 8-1-5 列出了氮化镓技术领域专利转让人排名。可以看出，第一位是三星，其专利转让数量为 224 件，占前 20 位公司转让总量的 10.5%，第二位是东芝，其专利转让数量为 184 件，占前 20 位公司转让总量的 8.6%，第三位公司是美光科技，其专利转让数量为 164 件，占前 20 位公司转让总量的 7.7%。可以看出，在该技术领域，各公司之间的专利转让数量没有太大差异。从各公司所属国家/地区来看，前十位公司中，美国占据其中的 7 家，日本占据其中的 2 家，韩国占据 1 家。说明在该领域的专利转让领域，美国在公司数量上多于日本公司。在专利转让数量上，美国公司远超过日本公司。美国公司在该领域的专利转让中最为活跃。

专利转让人

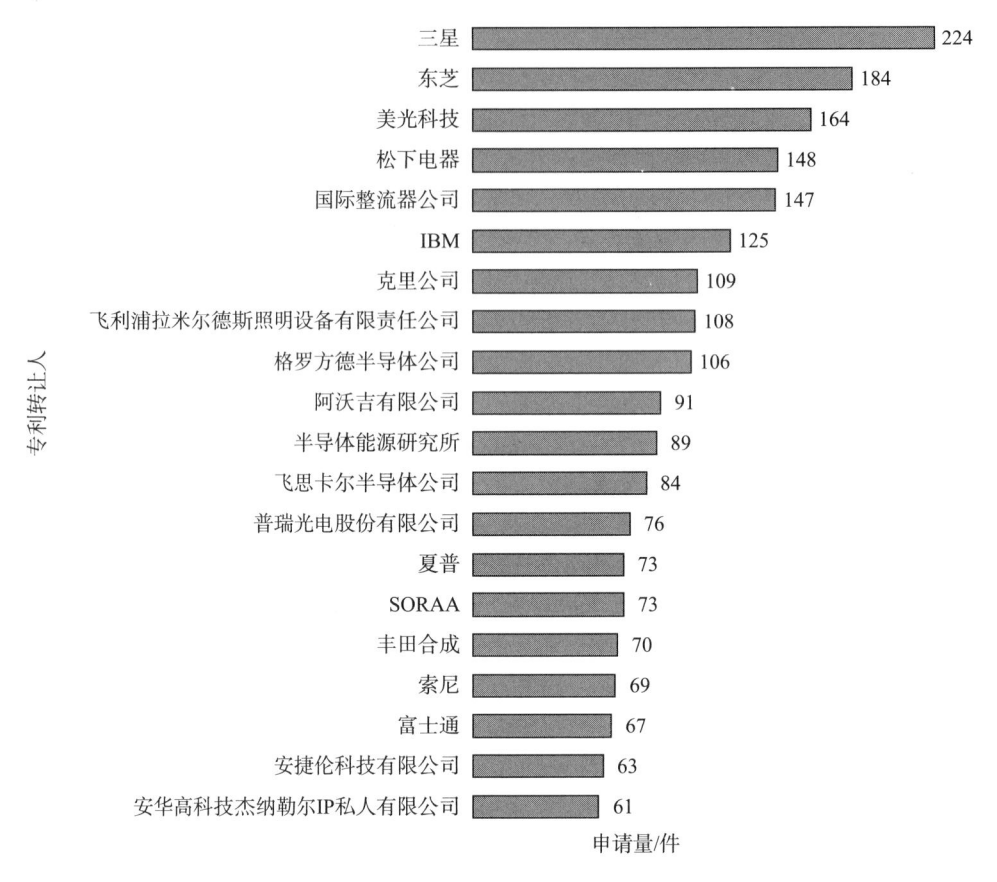

公司	申请量/件
三星	224
东芝	184
美光科技	164
松下电器	148
国际整流器公司	147
IBM	125
克里公司	109
飞利浦拉米尔德斯照明设备有限责任公司	108
格罗方德半导体公司	106
阿沃吉有限公司	91
半导体能源研究所	89
飞思卡尔半导体公司	84
普瑞光电股份有限公司	76
夏普	73
SORAA	73
丰田合成	70
索尼	69
富士通	67
安捷伦科技有限公司	63
安华高科技杰纳勒尔IP私人有限公司	61

图 8-1-5 氮化镓技术全球专利转让人排名

图 8-1-6 是其他材料技术领域全球专利转让人排名。可以看出，第一位是三星，其专利转让数量为 298 件，占前 20 位公司转让总量的 16.1%，第二位是半导体能源研究所，其专利转让数量为 250 件，占前 20 位公司转让总量的 13.5%，第三位是 IBM，其专利转让数量为 181 件，占前 20 位公司转让总量的 9.8%。前三位公司共计占前 20 位公司转让总量的 39.3%。可以看出，在第三代半导体领域，专利转让的集中度很高。从各公司所属国家/地区来看，排名前十位公司中，美国占据其中的 5 家，日本占据其中的 4 家，韩国占据 1 家。在该领域的专利转让，日本和美国在公司数量上平分秋色。在专利转让数量上，美国公司超过日本公司。说明美国公司在该领域专利转让中最为活跃，其次是日本。

8.1.4 专利受让人

图 8-1-7 列出了第三代半导体领域全球专利受让人排名。可以看出，第一位是 IBM，其专利受让数量为 1338 件，占前 20 位公司受让总量的 12.0%，第二位是三星公司，其专利受让数量为 1152 件，占前 20 位公司受让总量的 10.3%，第三位是东芝，其专利受让数量为 985 件，占国家/地区前 20 位公司受让总量的 8.8%。前三位公司共计占前 20 位公司受让总量的 31.1%。可以看出，在第三代半导体领域，专利转让的集

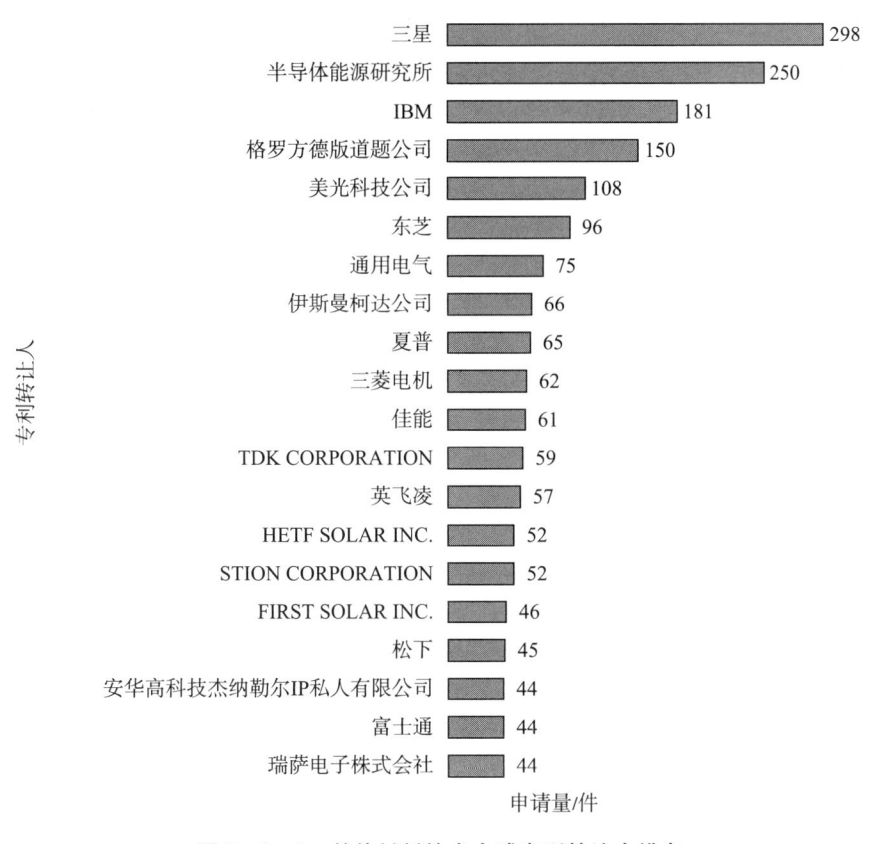

```
                           三星 ████████████████████████ 298
                  半导体能源研究所 ████████████████████ 250
                          IBM ███████████████ 181
                   格罗方德版道题公司 ████████████ 150
                       美光科技公司 █████████ 108
                           东芝 ████████ 96
                         通用电气 ██████ 75
专                    伊斯曼柯达公司 █████ 66
利                           夏普 █████ 65
转                         三菱电机 █████ 62
让                           佳能 █████ 61
人                 TDK CORPORATION █████ 59
                          英飞凌 █████ 57
                HETF SOLAR INC. ████ 52
              STION CORPORATION ████ 52
               FIRST SOLAR INC. ████ 46
                           松下 ████ 45
       安华高科技杰纳勒尔IP私人有限公司 ████ 44
                          富士通 ████ 44
                   瑞萨电子株式会社 ████ 44
                                      申请量/件
```

图 8-1-6 其他材料技术全球专利转让人排名

中度较高。从各公司所属国家/地区来看，前十位公司中，日本占据其中的 5 家，美国占据其中的 3 家，韩国占据 1 家，中国台湾占据 1 家。可以看出，在该领域的专利受让，日本在公司数量上占据绝对优势，说明日本受让的公司最多。在专利受让数量上，日本公司也超过其他国家的公司。说明日本公司在该领域专利受让中最为活跃。

图 8-1-8 列出了碳化硅技术领域全球专利受让人排名。可以看出，第一位 IBM，其专利受让数量为 880 件，占前 20 位公司受让总量的 14.4%，第二位是格罗方德半导体公司，其专利受让数量为 675 件，占前 20 位公司受让总量的 11.0%，第三位是东芝，其专利受让数量为 508 件，占前 20 位公司受让总量的 8.3%。前三位的公司共计占前 20 位公司受让总量的 33.7%。可以看出，在第三代半导体领域，专利转让的集中度较高。从各公司所属国家/地区来看，排名前十位公司中，美国占据其中的 4 家，日本占据其中的 2 家，中国台湾占据 2 家，韩国占据 1 家，德国占据 1 家；可以看出，在该领域的专利受让领域，排名前十位的受让公司比较分散。排名前 20 位的公司中，美国占据其中的 9 家，日本占据其中的 6 家，中国台湾占据 3 家，韩国占据 2 家，德国占据 1 家。可以看出，在该领域的专利受让，美国在公司数量上占据绝对优势，说明美国受让的公司最多。在专利受让数量上，美国公司也超过其他国家的公司。说明美国公司在该领域的专利受让中最为活跃。

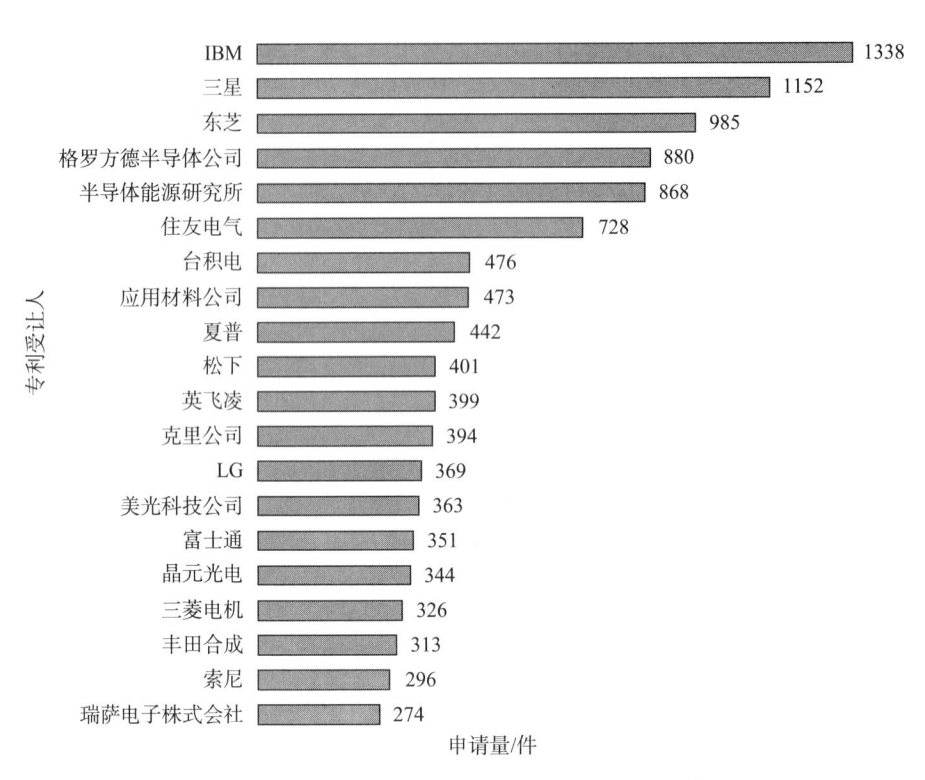

图 8-1-7 第三代半导体全球专利受让人排名

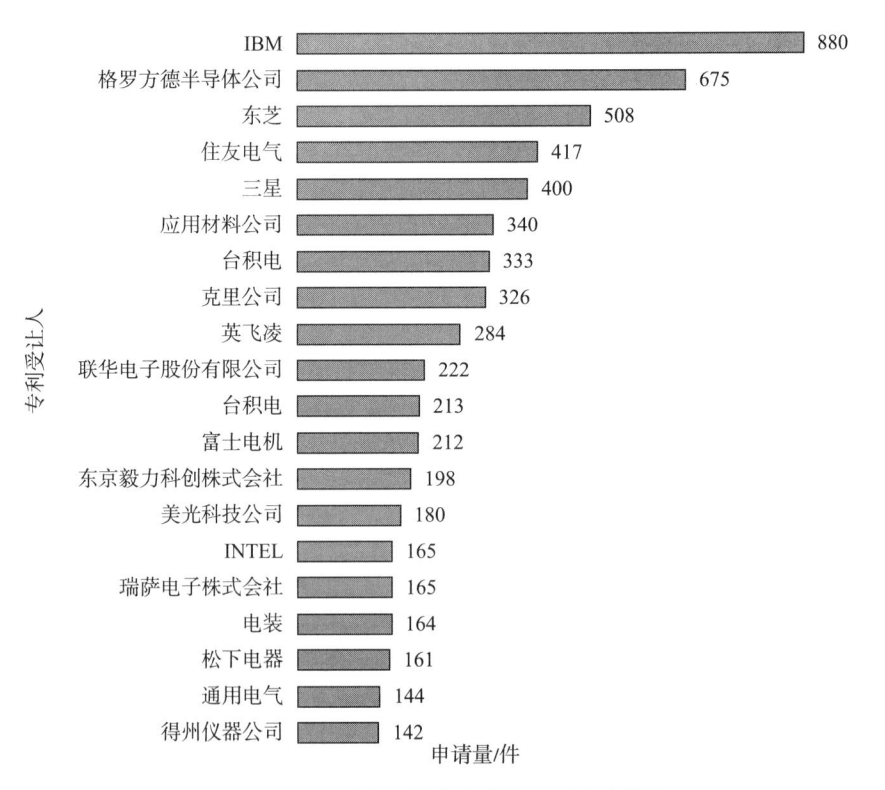

专利受让人	申请量/件
IBM	1338
三星	1152
东芝	985
格罗方德半导体公司	880
半导体能源研究所	868
住友电气	728
台积电	476
应用材料公司	473
夏普	442
松下	401
英飞凌	399
克里公司	394
LG	369
美光科技公司	363
富士通	351
晶元光电	344
三菱电机	326
丰田合成	313
索尼	296
瑞萨电子株式会社	274

图 8-1-8 碳化硅技术全球专利受让人排名

专利受让人	申请量/件
IBM	880
格罗方德半导体公司	675
东芝	508
住友电气	417
三星	400
应用材料公司	340
台积电	333
克里公司	326
英飞凌	284
联华电子股份有限公司	222
台积电	213
富士电机	212
东京毅力科创株式会社	198
美光科技公司	180
INTEL	165
瑞萨电子株式会社	165
电装	164
松下电器	161
通用电气	144
得州仪器公司	142

图 8-1-9 列出了氮化镓技术领域全球专利受让人排名。可以看出,第一位是三星,其专利受让数量为 464 件,占前 20 位公司受让总量的 11.1%,第二位是东芝,其专利受让数量为 431 件,占前 20 位公司受让总量的 10.3%。排名前两位的公司共计占前 20 位公司受让总量的 21.4%。可以看出,在第三代半导体领域,专利转让的集中度较高。第三位是住友电气,其专利受让数量为 292 件,占前 20 位公司受让总量的 7.0%。从各公司所属国家/地区来看,排名前十位的公司中,日本占据其中的 5 家,美国占据其中的 2 家,韩国占据 2 家,中国台湾占据 1 家;排名前 20 位的公司中,日本占据其中的 9 家,美国占据其中的 6 家,中国台湾占据 2 家,韩国占据 2 家,德国占据 1 家。可以看出,在该领域的专利受让领域,日本在公司数量上占据优势,说明日本在该领域受让的公司最多。在专利受让数量上,日本以 1690 件远超美国公司(983 件)。说明日本公司在该领域的专利受让中最为活跃。

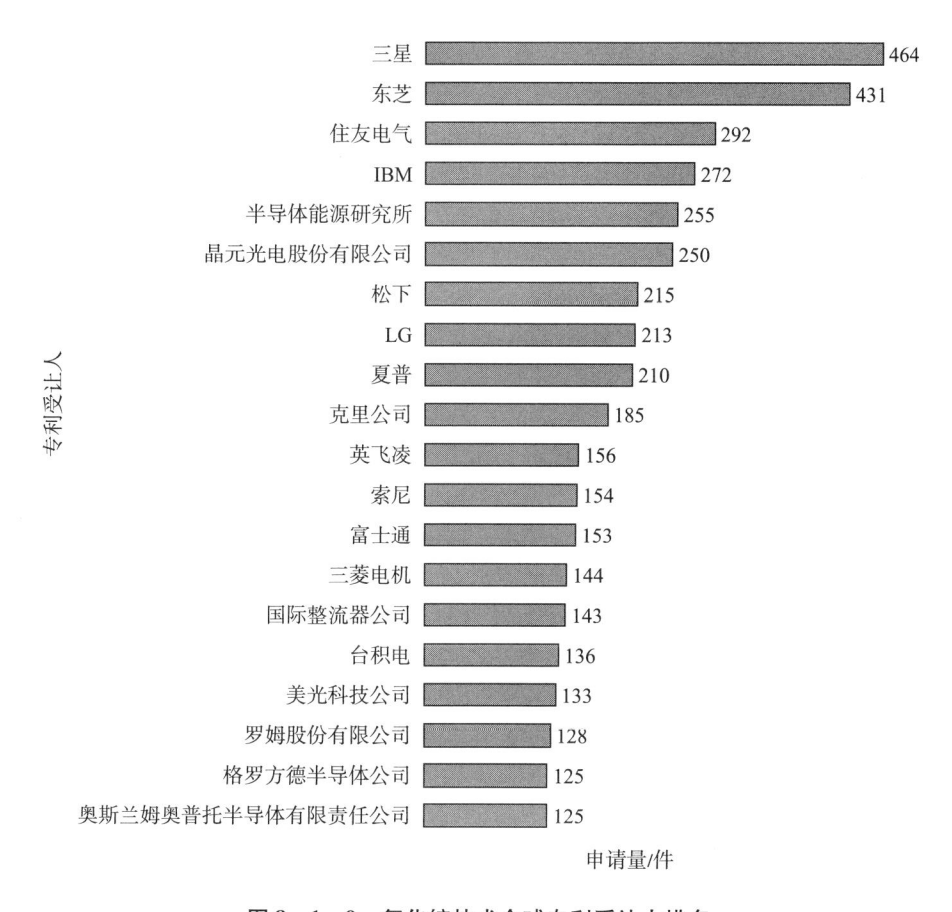

专利受让人	申请量/件
三星	464
东芝	431
住友电气	292
IBM	272
半导体能源研究所	255
晶元光电股份有限公司	250
松下	215
LG	213
夏普	210
克里公司	185
英飞凌	156
索尼	154
富士通	153
三菱电机	144
国际整流器公司	143
台积电	136
美光科技公司	133
罗姆股份有限公司	128
格罗方德半导体公司	125
奥斯兰姆奥普托半导体有限责任公司	125

图 8-1-9 氮化镓技术全球专利受让人排名

图 8-1-10 是其他材料技术领域全球专利受让人排名。从图中可以看出,第一位是半导体能源研究所,其专利受让数量为 789 件,占前 20 位公司受让总量的 19.6%,占比很高;第二位是三星,其专利受让数量为 589 件,占前 20 位公司受让总量的 14.6%。排名前两位的公司共计占前 20 位公司受让总量的 34.3%。可以看出,在第三

代半导体领域，专利转让的集中度很高。第三位公司是 IBM，其专利受让数量为 323 件，占前 20 位公司受让总量的 8.0%。中国的京东方位于第五位，其专利受让数量为 212 件，占排名前 20 位公司受让总量的 5.3%。从各公司所属国家/地区来看，排名前十位的公司中，日本占据其中的 3 家，美国占据其中的 2 家，韩国占据 2 家，中国台湾占据 2 家，中国占据 1 家，受让公司的国家/地区分布较为分散；排名前 20 位的公司中，日本占据其中的 11 家，美国占据其中的 7 家，中国台湾占据 2 家，韩国占据 3 家，德国占据 1 家。可以看出，在该领域的专利受让，日本在公司数量上占据优势，说明日本在该领域受让的公司最多。在专利受让数量上，日本远超美国公司。说明日本公司在该领域的专利受让中最为活跃。

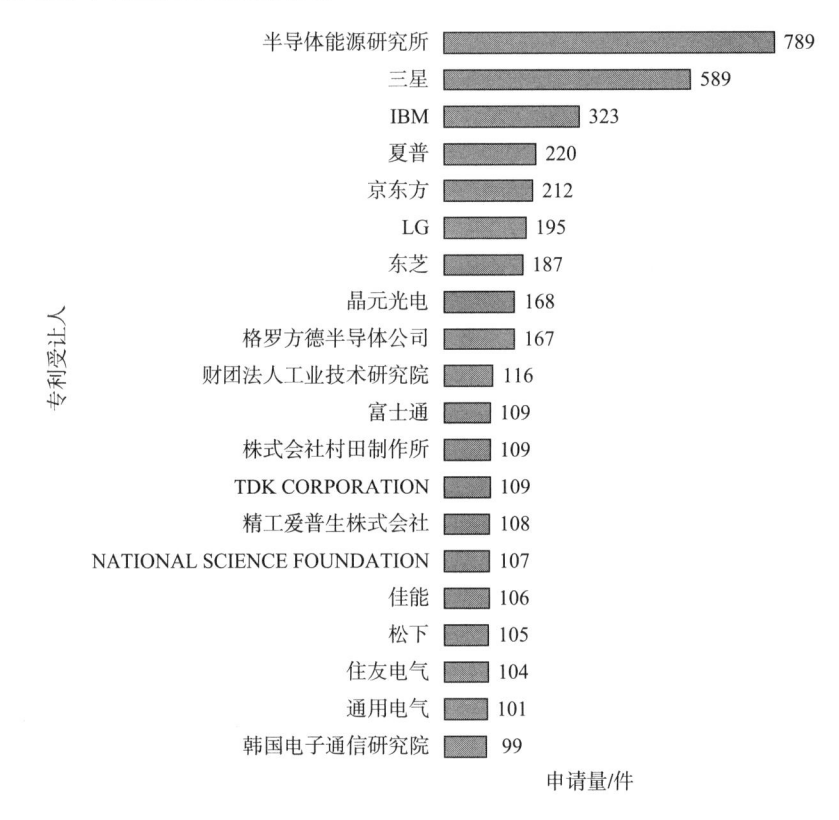

专利受让人	申请量/件
半导体能源研究所	789
三星	589
IBM	323
夏普	220
京东方	212
LG	195
东芝	187
晶元光电	168
格罗方德半导体公司	167
财团法人工业技术研究院	116
富士通	109
株式会社村田制作所	109
TDK CORPORATION	109
精工爱普生株式会社	108
NATIONAL SCIENCE FOUNDATION	107
佳能	106
松下	105
住友电气	104
通用电气	101
韩国电子通信研究院	99

图 8-1-10 其他材料技术全球专利受让人排名

8.1.5 专利转让技术排名

图 8-1-11 列出了第三代半导体各技术分支专利转让数量。可以看出，专利转让数量最多的是碳化硅制备，其次是氮化镓制备、氮化镓器件及应用、碳化硅器件以及碳化硅应用。碳化硅制备转让专利数量 14151 件，占五个分支转让总量的 30.8%；氮化镓制备转让专利数量 11999 件，占五个分支转让总量的 26.1%；氮化镓器件及应用转让专利数量 10177 件，占五个分支转让总量的 22.1%。这三个主要技术分支转让数

量占五个分支转让总量的79%，是专利转让最主要的三个技术分支。碳化硅应用专利数量最少，其占比仅为4.4%。

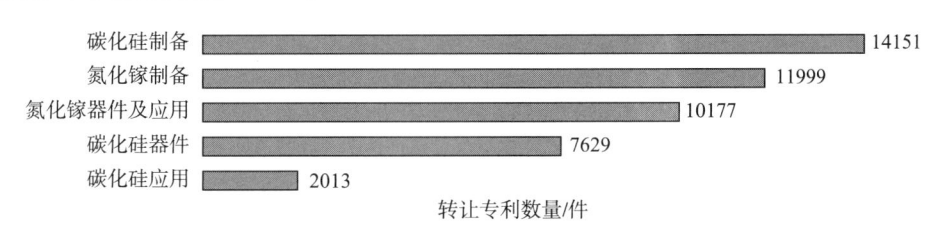

技术分支	转让专利数量/件
碳化硅制备	14151
氮化镓制备	11999
氮化镓器件及应用	10177
碳化硅器件	7629
碳化硅应用	2013

图 8-1-11　第三代半导体各技术分支专利转让排名

8.2　英飞凌专利转让案例分析

2016年7月，英飞凌曾试图以8.5亿美元收购科锐旗下的Wolfspeed。然而由于国家安全问题，该交易于2017年2月在美国终止。随着全球对功率半导体的需求急剧增长，英飞凌迅速进行了战略调整。2018年2月，英飞凌与科锐签署一份碳化硅（SiC）晶圆长期供货战略协议。由此英飞凌将业务拓展到碳化硅产品范畴，为增强自身在汽车和工业功率控制等战略增长领域的优势做出了努力。

科锐在旗下Wolfspeed被收购的交易终止之后，重新评估其在射频（RF）功率业务领域中的地位，并决定投入大量资源发展这项业务。2018年3月，科锐以约3.45亿欧元收购英飞凌射频功率业务，紧接着英飞凌将有关射频功率和封装技术的7项核心发明专利转让给科锐，如表8-2-1所示。此次收购加强了Wolfspeed业务部门在射频碳化硅基氮化镓（GaN-on-SiC）技术实力，同时使科锐进入更多市场，扩大客户并获得在封装领域的专业技术。这是科锐发展战略的重要举措，使Wolfspeed能够助力4G网络提速，以及向革命性的5G技术转型。

表 8-2-1　英飞凌转让科锐专利

序号	公开号	公开日	标题	转让人	受让人	转让执行日
1	CN104617066A	2015-05-15	变压器输入匹配的晶体管	英飞凌	科锐	2018-07-17
2	CN104183558A	2014-12-03	混合半导体封装	英飞凌	科锐	2018-07-17
3	CN103986421A	2014-08-13	用于电源电路的输入匹配网络	英飞凌	科锐	2018-07-16
4	CN105097739A	2015-11-25	具有不对称芯片安装区域和引线宽度的半导体器件封装体	英飞凌	科锐	2018-07-16

续表

序号	公开号	公开日	标题	转让人	受让人	转让执行日
5	CN105871343A	2016-08-17	具有可调谐的阻抗匹配网络的电感耦合的变压器	英飞凌	科锐	2018-07-20
6	CN106024728A	2016-10-12	具有单个金属法兰的多腔封装件	英飞凌	科锐	2018-07-12
7	CN106059502A	2016-10-26	具有集成的变压器线巴伦的宽带Doherty放大器电路	英飞凌	科锐	2018-07-17

第9章　第三代半导体领域专利许可策略研究

9.1　专利许可分析

9.1.1　专利许可趋势

图9-1-1列出了第三代半导体领域中国专利许可趋势。可以看出，专利许可数量最多的是其他材料（166件），占全部许可数量的40.9%；其次是氮化镓（143件），占全部许可数量的35.2%；最后是碳化硅（97件），占全部许可数量的23.9%。从年代来看，从2008年开始，许可数量开始增加，此时主要是其他材料的专利许可，氮化镓和碳化硅的许可数量较少。随后，氮化镓的专利许可数量开始迅速增加，然后碳化硅许可的数量也迅速增加，在2012年，专利许可数量达到峰值，三种材料的许可数量大体相当。随后，专利许可的总量开始减少，但年许可量稳定。氮化镓的许可数量和其他材料大致相当，比较稳定，碳化硅的许可数量开始减少。这个阶段的专利许可数量减少主要是因为碳化硅的许可数量减少导致。2016年之后，年专利许可量开始减少，主要是因为氮化镓许可数量减少，同时其他材料的许可数量也在减少，而碳化硅却处于缓慢增长态势。

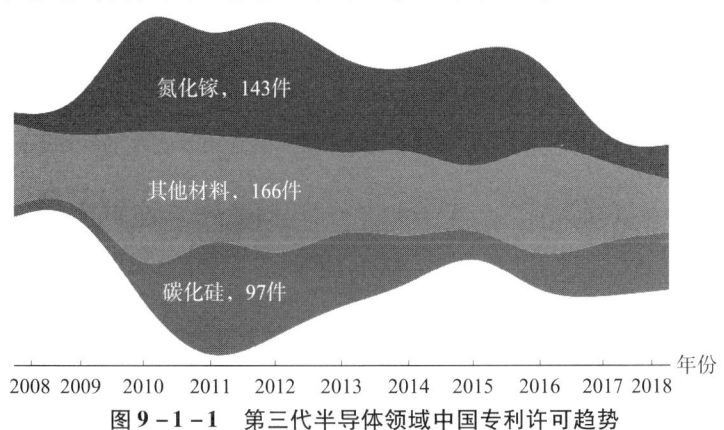

图9-1-1　第三代半导体领域中国专利许可趋势

9.1.2　专利许可人排名

图9-1-2列出了第三代半导体领域中国许可人专利数量排名。可以看出，专利许可量最多的是同方光电科技有限公司，其专利许可量为17件，占前16位申请人许可总量的13.7%；第二位至第四位申请人分别占前16位申请人许可总量的11.3%、11.3%、9.7%。前四申请人专利许可数量占到前16位申请人许可总量的46.0%。可以看出，在该领域，专利许可比较集中。前16位的申请人中，大部分为研究所或大

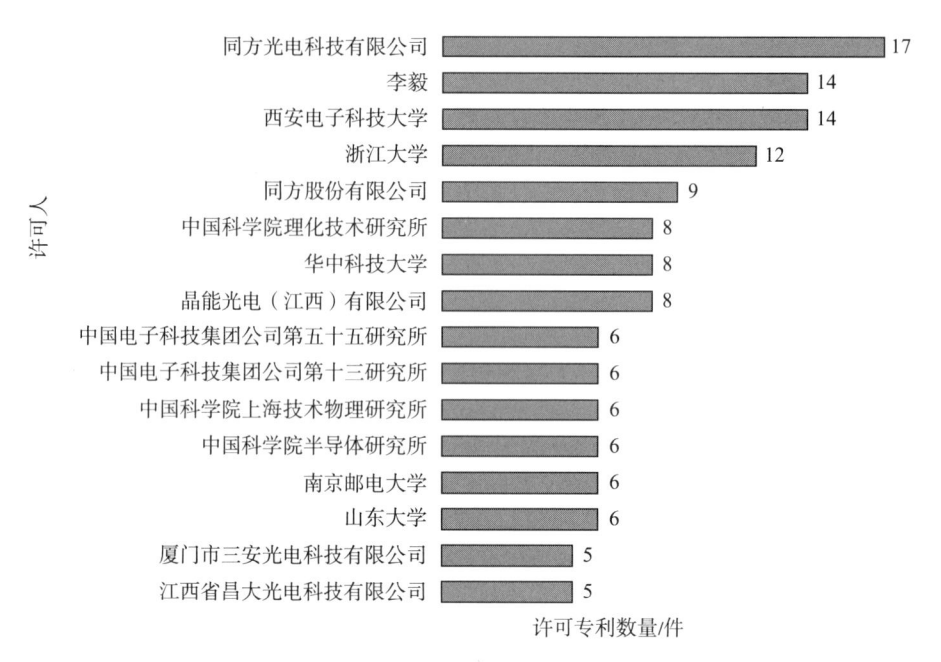

许可人	许可专利数量/件
同方光电科技有限公司	17
李毅	14
西安电子科技大学	14
浙江大学	12
同方股份有限公司	9
中国科学院理化技术研究所	8
华中科技大学	8
晶能光电（江西）有限公司	8
中国电子科技集团公司第五十五研究所	6
中国电子科技集团公司第十三研究所	6
中国科学院上海技术物理研究所	6
中国科学院半导体研究所	6
南京邮电大学	6
山东大学	6
厦门市三安光电科技有限公司	5
江西省昌大光电科技有限公司	5

图 9-1-2 第三代半导体领域中国许可人专利数量排名

学，说明它们在该领域的专利许可中具有重要地位。

图 9-1-3 列出了碳化硅领域中国许可人专利数量排名。可以看出，专利许可量最多的是西安电子科技大学，其专利许可量为 10 件，占前十申请人许可总量的 18.9%，是第十名复旦大学的 3.3 倍；第二位至第五位的申请人许可量均为 6 件。前五申请人专利许可数量占前十申请人许可总量的 75.5%。可以看出，在该领域，专利许可比较集中。前 5 位申请人中，中国电子科技集团公司占据两席，说明它们在该领域的专利许可中具有重要地位。

许可人	许可专利数量/件
西安电子科技大学	10
中国电子科技集团公司第五十五研究所	6
中国电子科技集团公司第十三研究所	6
华中科技大学	6
晶能光电（江西）有限公司	6
江西省昌大光电科技有限公司	5
张彩根	4
浙江大学	4
厦门市三安光电科技有限公司	3
复旦大学	3

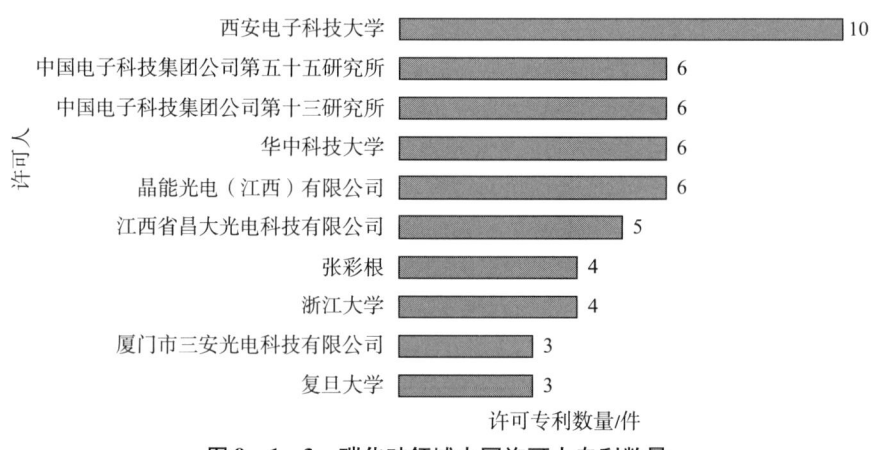

图 9-1-3 碳化硅领域中国许可人专利数量

图 9-1-4 列出了氮化镓领域中国许可人专利数量排名。可以看出，专利许可量最多的是同方光电科技有限公司，其专利许可量为 17 件，占前 18 位申请人许可总量的 16.8%，是第 18 名上海半导体照明工程技术研究中心的 8.5 倍；排名第二位和第三位的

申请人许可量分别为10件、9件，分别占前18位申请人许可总量的10.0%、9.9%。排名前三位申请人专利许可数量占前18位申请人许可总量的36.7%。可以看出，在该领域，专利许可比较集中。从第四位的申请人开始，专利许可数量在6件以下，差别较小。

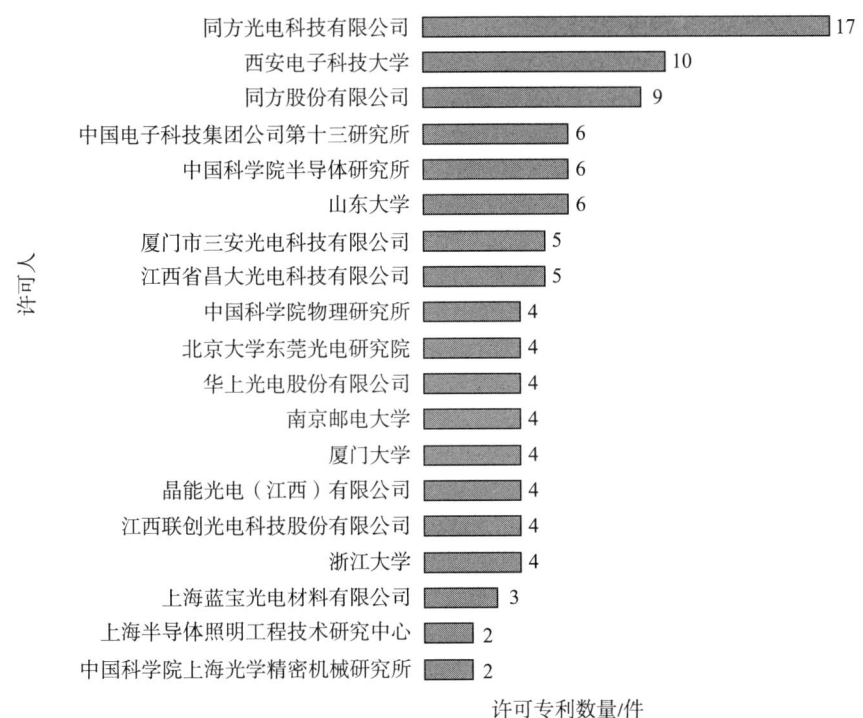

许可人

许可人	许可专利数量/件
同方光电科技有限公司	17
西安电子科技大学	10
同方股份有限公司	9
中国电子科技集团公司第十三研究所	6
中国科学院半导体研究所	6
山东大学	6
厦门市三安光电科技有限公司	5
江西省昌大光电科技有限公司	5
中国科学院物理研究所	4
北京大学东莞光电研究院	4
华上光电股份有限公司	4
南京邮电大学	4
厦门大学	4
晶能光电（江西）有限公司	4
江西联创光电科技股份有限公司	4
浙江大学	4
上海蓝宝光电材料有限公司	3
上海半导体照明工程技术研究中心	2
中国科学院上海光学精密机械研究所	2

图9-1-4　氮化镓领域中国许可人专利数量

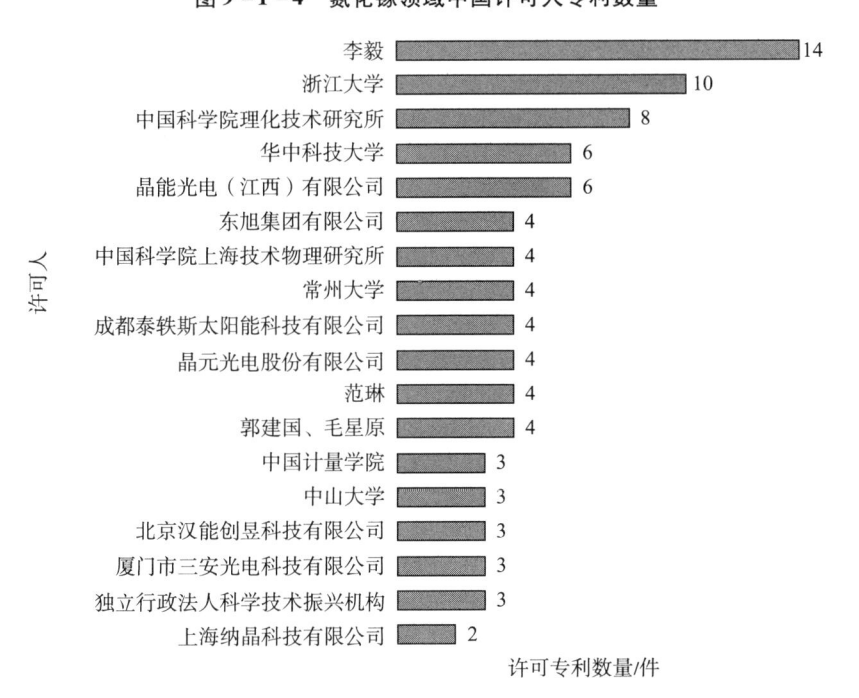

许可人	许可专利数量/件
李毅	14
浙江大学	10
中国科学院理化技术研究所	8
华中科技大学	6
晶能光电（江西）有限公司	6
东旭集团有限公司	4
中国科学院上海技术物理研究所	4
常州大学	4
成都泰铁斯太阳能科技有限公司	4
晶元光电股份有限公司	4
范琳	4
郭建国、毛星原	4
中国计量学院	3
中山大学	3
北京汉能创昱科技有限公司	3
厦门市三安光电科技有限公司	3
独立行政法人科学技术振兴机构	3
上海纳晶科技有限公司	2

图9-1-5　其他材料领域中国许可人专利数量

图 9-1-5 列出了其他材料领域中国许可人专利数量排名。可以看出,专利许可量最多的是李毅,其专利许可量为 14 件,占前 18 位申请人许可总量的 15.7%,是第 18 名上海纳晶科技有限公司的 7 倍;排名第二位和第三位的申请人许可量分别为 10 件、8 件,分别占前 18 位申请人许可总量的 11.2%、9.0%。前三申请人专利许可数量占前 18 位申请人许可总量的 36.0%。可以看出,在该领域,专利许可比较集中。从第四申请人开始,专利许可数量都在 6 件以下,差别较小。

9.1.3 专利被许可人

图 9-1-6 列出了第三代半导体领域中国专利被许可人专利数量排名。可以看出,专利被许可量最多的是南通同方半导体有限公司,其专利被许可量为 15 件,占前九申请人被许可总量的 28.8%;排名第二位、第三位的申请人分别占前九申请人被许可总量的 15.4%、13.5%。前三申请人专利被许可数量占到前九申请人被许可总量的 57.7%。可以看出,在该领域,专利被许可比较集中。前九位申请人全为半导体相关公司,说明它们在该领域的专利被许可中具有重要地位。

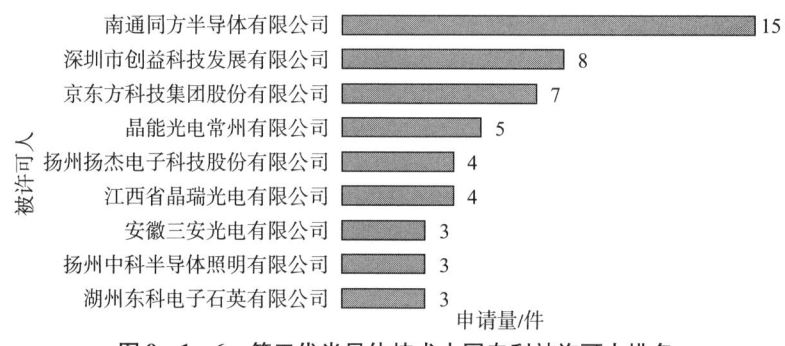

被许可人	申请量/件
南通同方半导体有限公司	15
深圳市创益科技发展有限公司	8
京东方科技集团股份有限公司	7
晶能光电常州有限公司	5
扬州扬杰电子科技股份有限公司	4
江西省晶瑞光电有限公司	4
安徽三安光电有限公司	3
扬州中科半导体照明有限公司	3
湖州东科电子石英有限公司	3

图 9-1-6 第三代半导体技术中国专利被许可人排名

图 9-1-7 列出了碳化硅技术领域中国被许可专利数量排名。可以看出,专利被许可量最多的是江西省晶瑞光电有限公司,其专利被许可量为 4 件,占前八申请人被许可总量的 19.0%,其余七位申请人专利被许可专利数量分别为 3 件或 2 件。可以看出,在该领域,专利被许可比较分散,差距很小。前八位申请人全为半导体相关公司,说明它们在该领域的专利被许可占有重要地位。

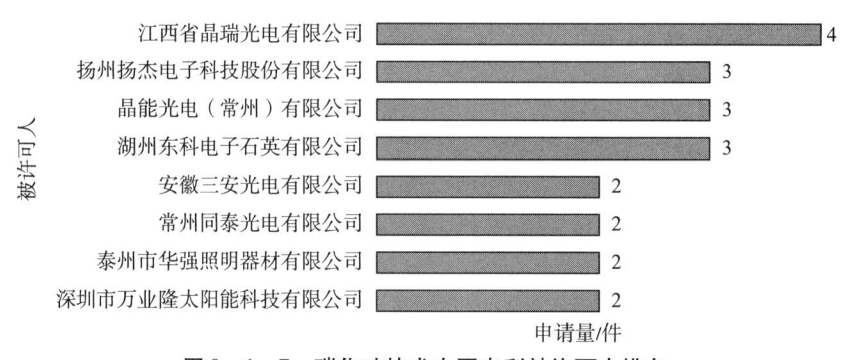

被许可人	申请量/件
江西省晶瑞光电有限公司	4
扬州扬杰电子科技股份有限公司	3
晶能光电(常州)有限公司	3
湖州东科电子石英有限公司	3
安徽三安光电有限公司	2
常州同泰光电有限公司	2
泰州市华强照明器材有限公司	2
深圳市万业隆太阳能科技有限公司	2

图 9-1-7 碳化硅技术中国专利被许可人排名

图9-1-8列出了氮化镓技术领域中国专利被许可数量排名。可以看出，专利被许可量最多的是南通同方半导体有限公司，其专利被许可量为14件，占比超过前12位申请人被许可总量的1/3，与其他11位申请人相比，占据绝对优势地位。其他11位专利被许可专利数量分别为3件或2件。可以看出，在该领域，除了南通同方半导体有限公司外，专利被许可比较分散，差距很小。前12位申请人全为半导体相关公司，说明它们在该领域的专利被许可占有重要地位。

被许可人	申请量/件
南通同方半导体有限公司	14
江西省晶瑞光电有限公司	4
安徽三安光电有限公司	3
扬州中科半导体照明有限公司	3
晶能光电（常州）有限公司	3
东莞市中图半导体科技有限公司	2
山东科恒晶体材料科技有限公司	2
山西长治高科华上光电有限公司	2
扬州扬杰电子科技股份有限公司	2
扬州隆耀光电科技发展有限公司	2
深圳市必拓电子有限公司	2
西安中为光电科技有限公司	2

图9-1-8 氮化镓技术中国专利被许可人排名

图9-1-9列出了其他材料技术领域中国被许可专利数量排名。可以看出，专利被许可量最多的是深圳市创益科技发展有限公司，其专利被许可量为8件；排名第二的是京东方科技集团股份有限公司，其专利被许可量为7件，两家公司共计15件，占比前13位申请人被许可总量的39.5%，与其他11位申请人相比，这两家公司占据绝

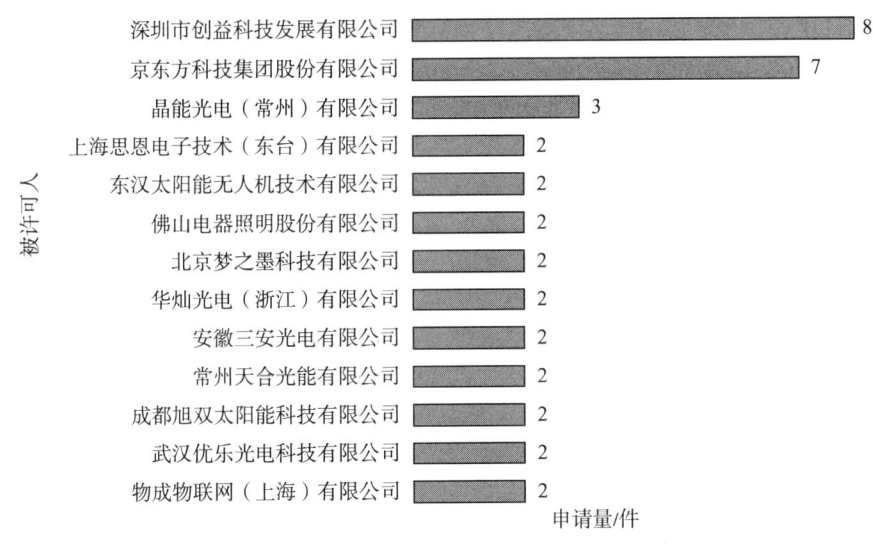

被许可人	申请量/件
深圳市创益科技发展有限公司	8
京东方科技集团股份有限公司	7
晶能光电（常州）有限公司	3
上海思恩电子技术（东台）有限公司	2
东汉太阳能无人机技术有限公司	2
佛山电器照明股份有限公司	2
北京梦之墨科技有限公司	2
华灿光电（浙江）有限公司	2
安徽三安光电有限公司	2
常州天合光能有限公司	2
成都旭双太阳能科技有限公司	2
武汉优乐光电科技有限公司	2
物成物联网（上海）有限公司	2

图9-1-9 其他材料中国专利被许可人排名

对优势地位。其他 11 位被许可专利数量分别为 3 件或 2 件。可以看出，在该领域，除了南通同方半导体和京东方外，专利被许可比较分散，差距很小。排名前 13 位申请人全为半导体相关公司，说明它们在该领域的专利被许可占有重要地位。

9.1.4 专利许可技术排名

图 9-1-10 列出了第三代半导体各技术分支专利许可排名。可以看出，氮化镓制备是专利许可最多的技术分支，许可专利数量为 126 件，占全部技术分支许可专利数量的近 1/3；氮化镓器件及应用技术分支许可专利数量为 115 件，占全部技术分支许可专利数量的 28.6%；氮化硅制备和氮化硅器件分别占全部技术分支许可专利数量的 20.9%、14.9%，碳化硅应用占比最少，占比为 4.2%。可以看出，在专利许可方面，不同技术分支差别较大，说明专利许可的热点技术分支为氮化镓制备和氮化镓器件及应用。

技术分支	许可专利数量/件
氮化镓制备	126
氮化镓器件及应用	115
碳化硅制备	84
碳化硅器件	60
碳化硅应用	17

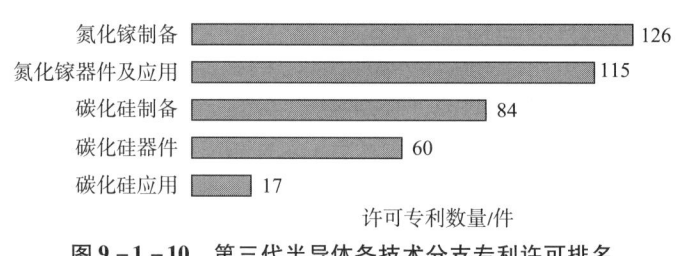

图 9-1-10 第三代半导体各技术分支专利许可排名

9.2 科锐专利许可案例分析

科锐是该领域对专利许可持较为积极态度的公司之一。如表 9-2-1 所示，通过科锐所有的专利许可事项进行分析可以发现，科锐专利许可策略具有以下特点：

一是专利许可事项的高峰期出现在产业成熟阶段。从时间上看，自 2002 年起科锐持续开始专利许可相关的工作，2010 年至今，专利许可工作力度不断加强，开展了大量与 LED 相关的专利许可业务。事实上，2010 年前后也是 LED 照明产业进入高速发展阶段，全球 LED 照明市场快速增长的阶段。

二是专利许可的对象多为不具有直接竞争关系的位于产业链下游的 LED 照明设备终端厂商。在所有 28 项许可业务中，超过 70% 的许可对象都是业内 LED 终端设备制造和运营商。

三是专利许可的区域主要在专利保护比较严格的国家/地区。通过统计发现，专利许可对象大部分分布在美国和日本，这两个国家的知识产权保护环境都属于比较严格的地方。

四是专利交叉许可协议多发生在主要竞争对手之间，但在细分产业环节上有较强的互补性或位于产业发展初始阶段。例如，在 2002 年和日亚达成关于氮化镓光电子技术专利权的交叉许可协议，此时氮化镓光电子产业尚处于产业初级阶段，通过强强联合共同开发新技术，有利于分担技术风险，提高企业抗风险能力。

五是专利许可事项具体涉及的权利类型主要是制造和销售权。通过统计发现，80% 以上的专利事项都是关于专利权的制造和销售权。说明科锐非常看重专利权的诉讼权，一般不轻易考虑诉讼权的许可。

表9-2-1 科锐专利许可概况

序号	许可内容	许可年份	被许可公司	相关领域主营业务	国家/地区	备注
1	交叉许可基于氮化镓的光电子技术专利权	2002	Nichia Corp.	LED芯片	日本	无
2	许可氮化铝晶体专利的制造和销售权	2004	Crystal IS Inc.	LED芯片	美国	日本旭化成子公司
3	交叉许可固态LED白光技术专利权	2005	Nichia Corp.	LED芯片	日本	无
4	许可US6600175包含LED芯片的白光LED专利的制造和销售权	2005	Rohm Co., Ltd.	LED芯片	日本	无
5	许可US6600175包含LED芯片的白光LED专利的制造和销售权	2005	Stanley Electric Co., Ltd.	LED灯具	日本	无
6	许可包含基于LED芯片的白光封装LED灯具的专利US6600175和US10623198~11264124系列专利的制造和销售权	2006	Seoul Semiconductor, Inc.	LED芯片	韩国	无
7	交叉许可附加的白光LED和指定的氮基激光相关专利权	2007	Nichia Corp.	LED芯片	日本	无
8	交叉许可科锐和波士顿大学共同申请的专利诉讼权	2008	Bridgelux, Inc.	LED芯片	加拿大	无
9	相互许可LED芯片和LED封装技术相关的专利权	2008	Toyoda Gosei Co., Ltd.	LED芯片	日本	无
10	许可独立的氮化镓衬底制造和销售权	2009	Mitsubishi Chemical Corp.	LED材料	日本	无
11	交叉许可覆盖蓝光LED芯片、白光和磷基(包括非磷基)LED、控制系统、LED光源和灯具以及液晶背光显示LED(LCDs)等领域的专利权以及飞利浦LED光源专利许可项目中的所有专利权	2010	Philips	LED灯具	荷兰	无
12	许可非磷基LED光源和灯泡的制造和销售权	2011	Horner APG	LED显示	美国	无
13	许可磷基LED光源和灯泡的制造和销售权	2011	Ledzworld Techmology	LED灯具	美国	无

续表

序号	许可内容	许可年份	被许可公司	相关领域主营业务	国家/地区	备注
14	许可碳化硅电子器件应用专利的制造和销售权	2011	Nippon Steel Corporation	LED 材料	日本	无
15	交叉许可蓝光 LED 芯片技术、白光 LED 和磷基 LED、封装、LED 光源和灯具和 LED 照明控制系统等领域的所有专利权	2011	Osram GmbH	LED 芯片	德国	无
16	许可非磷基 LED 光源和灯泡的制造和销售权	2011	Vexica Technology	LED 灯具	英国	无
17	许可非磷基 LED 光源和灯泡的制造和销售权	2011	Wyndsor Lighting, LLC	LED 灯具	美国	无
18	交叉许可 LED 芯片、器件和阵列的专利的制造和销售权	2013	Bridgelux, Inc.	LED 芯片	加拿大	无
19	许可非磷基光学器件专利的制造权	2013	NNCrystal US Corp.	LED 材料	美国	无
20	许可功率转换领域的氮化镓 HEMT 和氮化镓肖特基二极管器件制造和销售权	2013	Transphorm, Inc.	LED 材料	美国	无
21	许可指定的 LED 芯片和器件的知识产权	2014	Lextar Electronics Corporation	LED 芯片	中国台湾	无
22	交叉许可 LED 专利	2015	Epistar	LED 芯片	中国台湾	无
23	许可科锐专利在 ITC 和威斯康辛州的诉讼权	2016	Feit Electric Company Inc.	LED 灯具	美国	无
24	许可科锐专利的诉讼权	2016	Harvatek Corp.	LED 封装	中国台湾	无
25	许可科锐专利的诉讼权	2016	Kingbright	LED 芯片	中国台湾	无
26	交叉许可 LED 灯泡和光源专利的诉讼权	2017	Ledvance, Inc.	LED 灯具	德国	中国木林森子公司
27	许可指定的 LED 光源专利的制造和销售权	2017	Light Polymers, Inc.	LED 材料	美国	无
28	许可氢相外延氮化铝衬底专利的制造和销售权	2017	Tokuyama Corporation	LED 材料	日本	无

第10章 第三代半导体领域专利诉讼策略研究

10.1 专利诉讼态势分析

本章将对第三代半导体产业内诉讼基本情况进行梳理，包括整体和各技术分支诉讼态势、典型的诉讼案例以及该领域常见诉讼策略等。通过对这些基本情况的分析，可以对该产业领域的诉讼整体情况有个较为全面的认识，为产业知识产权风险防范提供借鉴和参考。

需要说明的是，本章专利诉讼数据只是针对诉讼数据公开较为充分的美国、中国、日本和中国台湾地区进行了统计。在其他国家/地区也发生了很多相关的专利诉讼，由于数据公开不够充分，未加以统计，并不代表其他国家/地区不存在专利诉讼。课题组以涉案专利为统计基础，对所有涉及诉讼案例的专利数量进行了整理。

10.1.1 专利诉讼主要国家/地区

图10-1-1列出了第三代半导体产业主要国家/地区专利诉讼的统计情况。可以看出，美国第三代半导体产业专利诉讼高发地，共发生197起诉讼，占诉讼总量的65.4%。诉讼之所以大部分发生在美国，究其原因是美国具有完善的专利制度，对知识产权保护严格，通常会对诉讼有较大额度的赔偿判罚。另外，美国是半导体产业技术研发的聚集地，集中了全世界诸多知名公司，整体技术研发创新能力处于世界领先水平，处于整个产业的主导地位；美国也是全球最大半导体市场，利润丰厚，吸引了绝大部分企业进行竞争。

日本是排名第二的诉讼发生地，占整个诉讼总量的16.9%。氮化镓的诉讼数量在日本专利诉讼总量中较多，其中约80%的诉讼量是氮化镓诉讼。中国与中国台湾的诉讼总量基本相当，占整个诉讼总量的17.7%。

10.1.2 专利诉讼人排名

通过对不同技术领域专利诉讼人排名发现，不同的专利权主体的诉讼策略偏好。下面对第三代半导体领域专利诉讼人整体排名、碳化硅技术分支领域排名、氮化镓技术分支领域排名进行了初步梳理。

如10-1-2所示，从第三代半导体产业领域整体的诉讼情况看，英飞凌、飞利浦、日亚、科锐是最主要的专利诉讼主体。

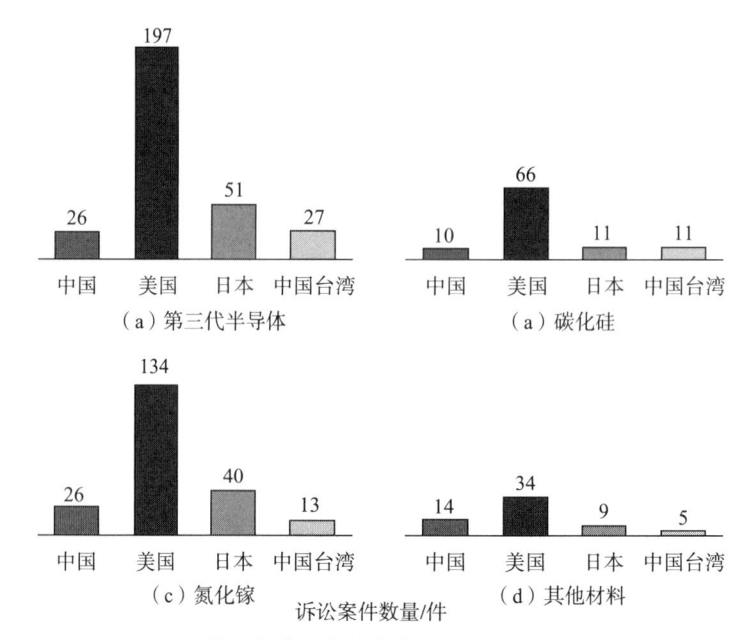

图 10-1-1 第三代半导体技术专利诉讼主要发生国家和地区

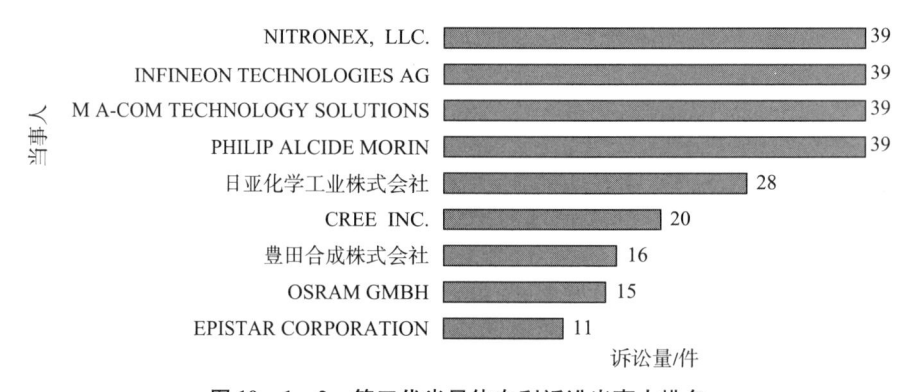

(a) 第三代半导体：中国 26，美国 197，日本 51，中国台湾 27
(a) 碳化硅：中国 10，美国 66，日本 11，中国台湾 11
(c) 氮化镓：中国 26，美国 134，日本 40，中国台湾 13
(d) 其他材料：中国 14，美国 34，日本 9，中国台湾 5

图 10-1-2 第三代半导体专利诉讼当事人排名

当事人	诉讼量/件
NITRONEX, LLC.	39
INFINEON TECHNOLOGIES AG	39
M A-COM TECHNOLOGY SOLUTIONS	39
PHILIP ALCIDE MORIN	39
日亚化学工业株式会社	28
CREE INC.	20
丰田合成株式会社	16
OSRAM GMBH	15
EPISTAR CORPORATION	11

图 10-1-3 碳化硅领域专利诉讼当事人排名

当事人	诉讼量/件
CREE INC.	9
EPISTAR CORPORATION	6
NITRONEX LLC.	5
INFINEON TECHNOLOGIES AG	5
M A-COM TECHNOLOGY SOLUTIONS	5
PHILIP ALCIDE MORIN,	5
NICHIA CORPORATION	4
SAMSUNG ELECTRONICS CO., LTD.	4
SEOUL SEMICONDUCTOR COMPANY	4
AKRION INC.	3
ALL STAR LIGHTING SUPPLIES INC.	3

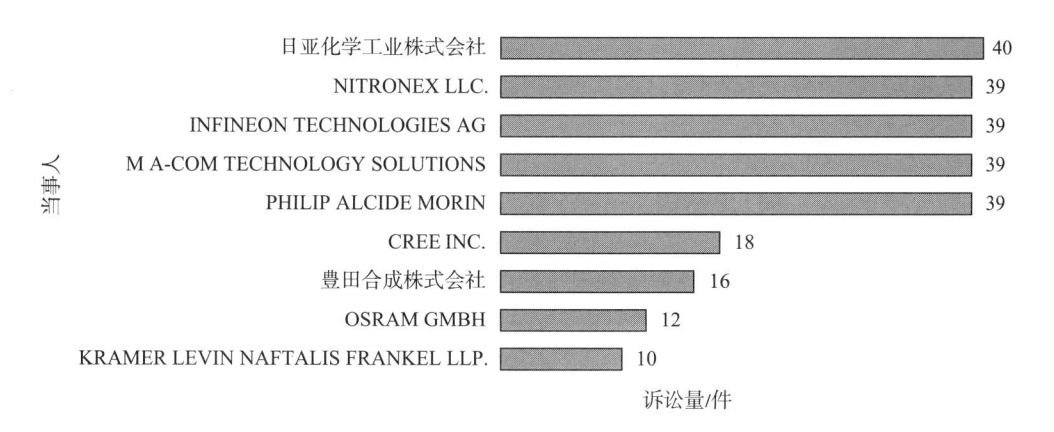

当事人	诉讼量/件
日亚化学工业株式会社	40
NITRONEX LLC.	39
INFINEON TECHNOLOGIES AG	39
M A-COM TECHNOLOGY SOLUTIONS	39
PHILIP ALCIDE MORIN	39
CREE INC.	18
丰田合成株式会社	16
OSRAM GMBH	12
KRAMER LEVIN NAFTALIS FRANKEL LLP.	10

图 10-1-4　氮化镓领域专利诉讼当事人排名

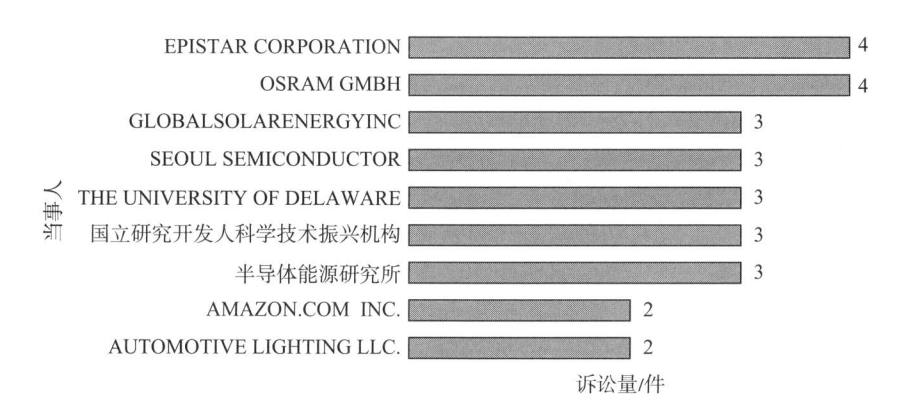

当事人	诉讼量/件
EPISTAR CORPORATION	4
OSRAM GMBH	4
GLOBALSOLARENERGYINC	3
SEOUL SEMICONDUCTOR	3
THE UNIVERSITY OF DELAWARE	3
国立研究开发人科学技术振兴机构	3
半导体能源研究所	3
AMAZON.COM INC.	2
AUTOMOTIVE LIGHTING LLC.	2

图 10-1-5　其他材料领域专利诉讼当事人排名

10.1.3　专利诉讼技术排名

图 10-1-6 列出了各三级主要技术分支领域的诉讼分布情况。在各技术分支诉讼中，碳化硅和氮化镓制备均是诉讼数量较多的，体现了制备在半导体产业的中心地位。

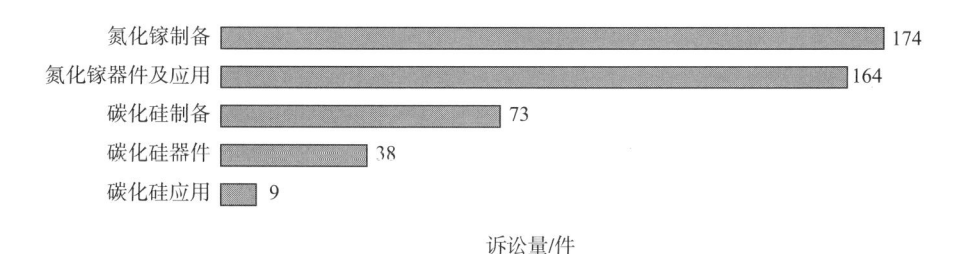

技术分支	诉讼量/件
氮化镓制备	174
氮化镓器件及应用	164
碳化硅制备	73
碳化硅器件	38
碳化硅应用	9

图 10-1-6　第三代半导体领域各技术分支诉讼专利数量

10.2 专利诉讼案例分析

10.2.1 科锐 vs. 旭明光电

2011 年 4 月 13 日，位于美国北卡罗来纳州的 LED 大厂科锐（CREE）以 6 项专利侵权为由，在北卡罗来纳州中部联邦地区法院向中国台湾 LED 晶片制造商 SEMILEDS OPTOELECTRONICS（旭明光电）提起专利侵权诉讼，指控该公司所生产、贩卖的 Mv-pLED（Metal Vertical Photon Light Emitting Diode，金属基板垂直电流激发式发光二极体）晶片侵犯了科锐的 LED 相关专利。该案系争专利共有 6 项，分别为 US7737459、US7611915、US7211833、US6958497、US6515313，由发明人取得专利权后转让给科锐，内容皆与 LED 的组成构造、制造方法有关，分别涉及高输出第Ⅲ族氮化物发光二极管、包括光提取改型的发光二极管及其制作方法、包括阻挡层/子层的发光二极管及其制造方法、具有量子阱和超晶格的基于第Ⅲ族氮化物的发光二极管结构、具有减少极化感应电荷的高效能发光器。

2011 年 8 月 15 日，旭明光电回击了科锐，以 4 项专利侵权为由，向特拉华州法院提起诉讼。该案 4 项系争专利为 USD566056、US7615789、US7646033、USD580888，具体涉及 LED 晶片设计专利及白光 LED 生产方法。

最终，科锐与旭明光电同意结束双方的专利侵权诉讼，旭明光电同意实行一项于 2012 年 10 月 1 日生效的禁令，禁止进口和销售旭明光电在美国受到被告指控的产品，并且为过去造成的伤害对科锐进行一次性偿付。双方的其余主张在不伤害到未来维权权利情况下予以废除，其他条款则不会公开。

10.2.2 威科 vs. 中微半导体

VEECO（威科）与中微半导体的专利诉讼是产业内一种新型的利用专利诉讼提高企业市场竞争力的实现方式，值得学习和借鉴。

【案件进展】

2017 年 4 月 12 日，VEECO 在美国纽约法院起诉中微半导体托盘供应商 SGL 专利侵权，涉及无基座反应腔及托盘技术。此次起诉中 VEECO 所使用的专利为 US67266769B2 和 US6506252B2。这两件美国专利的原始申请人并不是 VEECO，而是昂科公司，该两项专利于 2003 年被 VEECO 收购。

US67266769B2 和 US6506252B2 要求保护的是用于通过化学气相沉积在晶片上生长外延层的无基座式反应器，主要原理如图 10-2-1 所示。

2017 年 5 月 3 日，针对美国涉案专利在中国的同族专利，中微半导体向国家知识产权局专利复审委员会提交证据，主张专利无效。2017 年 12 月 18 日，国家知识产权局专利复审委员会举行口辩审理。

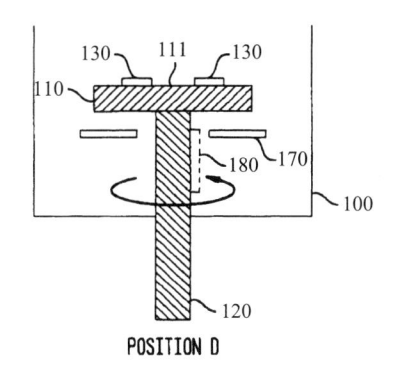

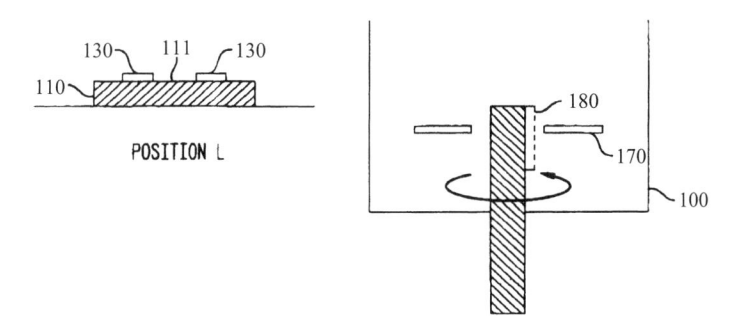

图 10-2-1　VEECO 起诉专利原理图

2017 年 7 月 13 日，中微半导体在福建省高级人民法院起诉 VEECO EPIK 700 系列产品侵犯中微半导体专利 CN202492576，主张 1 亿元人民币以上的侵权赔偿。

2017 年 8 月 14 日，针对美国涉案专利在韩国同族专利，中微半导体也向韩国知识产权局提交证据，主张这些专利无效。

2017 年 8 月 21 日，VEECO 上海分公司对中微半导体涉诉专利在国家知识产权局提出无效宣告申请，另有一位自然人也对该专利提起无效宣告请求。针对两个请求，专利复审委员会分别开庭审理，于 2017 年 11 月 24 日驳回无效宣告请求，确认中微半导体专利有效。

2017 年 11 月 2 日，美国法院法官在未有机会全面了解专利无效证据、未对涉案专利有效性和 SGL 基片托盘是否真正侵权作出明确判断的情况下，发出禁止 SGL 给中微半导体提供基片托盘的临时禁令。SGL 是中微半导体的晶圆承载器基片托盘供应商。该禁令禁止 SGL 出售供涉嫌采用 VEECO 专利技术的无基座金属有机化学气相沉积系统（MOCVD）使用的晶圆承载器，包括专为 AMEC MOCVD 系统设计的晶圆承载器。

2017 年 12 月 7 日，福建省高级人民法院针对 VEECO 发布禁令，禁止 VEECO 上海进口、制造、销售或许诺销售侵犯中微半导体专利 CN202492576 的任何 MOCVD 设备和相关基片托盘。禁令涵盖 TurboDisk EPIK 700、EPIK 700 C2 和 EPIK 700 C4 机型及相关基片托盘。禁令立即生效执行，不可上诉。

2017 年 12 月 8 日，中微半导体针对美国涉案的基片托盘专利，在美国专利商标局提起无效宣告申请。

【案件分析】

为什么 VEECO 会起诉 SGL 呢？表面来看，SGL 并不直接与 VEECO 有利益冲突。

此前，VEECO 和 ALLOS Semiconductors 达成了一项战略举措，展示了 200mm 硅基氮化镓晶圆用于蓝/绿光 micro-LED 的生产。VEECO 和 ALLOS 合作将其外延技术转移到 Propel 单晶圆 MOCVD 系统，从而在现有的硅生产线上实现生产 micro-LED。

中微半导体于 2010 年进入 MOCVD 设备领域，2016 年下半年推出了第二代 Prismo A7。与 VEECO 的设备相比，Prismo A7 具有更好的性能、更高的输出量和更低的成本。据统计，在诉讼发生之前，中微半导体在中国国内市场占有率已超过 70%，已超过 VEECO 在中国国内市场的占有率。显然中微半导体在 MOCVD 领域的发展影响了 VEECO 的利益。

VEECO 在用采用常规商业竞争手段无法取得预期效果时，开始考虑用专利诉讼的竞争手段来提高自身竞争力，起诉中微半导体的关键供应商 SGL 也成为其选项之一。

【策略分析】

在此案中，VEECO 的诉讼策略值得业界关注，中微半导体的应对策略也值得学习。下面来分析一下该案中 VEECO 和中微半导体都用了哪些策略。

首先，从诉讼对象看，VEECO 选择起诉竞争对手的关键供应商来打击竞争对手，应该是经过深思熟虑制定的诉讼策略。关键供应商的主要客户往往并非竞争对手一家，在很多情况下，关键供应商的立场并不总是和竞争对手保持一致，这时关键供应商往往不会积极应诉甚至会和原告达成不利于竞争对手的和解协议，例如短期或按约定期限停止对竞争对手供货，这会成为竞争对手经营风险的爆发点，竞争对手稍有不慎会导致企业经营陷入困境。因此一旦出现这样的机会可以利用时，通过发起针对竞争对手的关键供应商的专利诉讼是一个投入小、收益大的有效竞争策略。

其次，从诉讼发生的地点看，VEECO 选择知识产权保护环境较为严格的美国也是值得研究的。VEECO 在该案中可选的起诉地点至少有中国、美国和德国三个选项。选择在美国发起诉讼具有以下优势，一是作为美国公司，无疑对本国的知识产权保护工具最为熟练和擅长，能够最大化主场作战优势；二是利用竞争对手和其关键供应商的总部都不在美国的弱势，充分利用对方的决策时差和信息不对称的弱点发起诉讼；三是利用法律服务市场的差异提高竞争对手的应诉成本来增加竞争对手的应诉压力，形成有利于自己的强势立场，众所周知，美国的专利诉讼法律服务费用是全球最高的地区之一，极大地增加竞争对手的应诉成本。

最后，中微半导体基于企业经营风险考虑积极应对专利诉讼风险措施也值得借鉴。中微半导体积极应对的策略是成功的关键，通过在中国发起数起针对 VEECO 涉诉专利无效，向竞争对手明确表明了态度，在福建省高级人民法院对 VEECO 在华子公司积极起诉，还在韩国进行了专利无效宣告请求。这一系列非常专业的应对使得 VEECO 充分体会到了竞争对手在企业经营风险方面的敏感度、专利诉讼应对方面的实力和对专利风险应对的充分储备，是值得尊敬的竞争对手。因此，在应对诉讼时，根据自身情况充分利用发挥自身专业优势并积极制定专利风险应对措施，综合利用专利无效、专利起诉等法律手段维护企业自身利益是非常有效的应对策略。

10.3 专利诉讼策略小结

为了应对各种专利诉讼风险，不仅需要产业内企业积极应对诉讼，而且要采取积极有效的措施来提高自身应对专利风险的能力和水平。总结过往发生在该领域的典型案例可以发现，在制定专利诉讼策略时，应当考虑以下方面。

首先，重视专利保护并利用专利诉讼提升企业竞争力是应对专利诉讼风险的基本保障。企业重视专利保护，积极将技术创新成果及时进行专利保护，构成数量可观的专利储备，对专利质量也会有较高的要求，拥有高价值专利的可能性也大大增加。企业重视利用专利诉讼提升企业竞争力，就会对专利诉讼给企业经营带来的风险有准确和快速的研判，在事前会积极做好应对预案、在事中会高效调配资源应对、在事后会积极总结，确保企业利益最大化。

其次，积极响应直接或间接涉及企业的专利诉讼是应对专利诉讼风险的关键措施。当发生相关专利诉讼时，无论是原告、被告，还是涉案第三方，积极响应都会表现出企业本身对知识产权的高度尊重，会获得法院及市场力量的理解和认可，尤其作为被告和涉案第三方时还可以有效排除"恶意侵权嫌疑"，为后续法律事宜的处理奠定有利的知识产权立场。

最后，拥有专业的、全球化的专利诉讼团队支撑是妥善应对专利诉讼风险的重要因素。在专利诉讼中，专业的全球化专利诉讼团队对诉讼案件走向会产生重大的影响。由于专利保护具有地域性，各国/地区的专利司法保护也不完全相同，充分利用各国/地区的知识产权保护特点制定诉讼策略是基本的考虑因素。专业的、全球化的专利诉讼团队能够规避因各国/地区专利法具体实践差异的风险，同时能够将诉讼战场放在全球化视野下进行决策，有效降低诉讼成本，增加竞争对手的应诉压力。

第 11 章 美国政府资助项目知识产权产出机制研究

11.1 项目简介

（1）半导体制造技术战略联盟

Sematech 联盟（Semiconductor Manufacturing Technology）成立于 20 世纪 80 年代末 90 年代初，半导体产业是最大的高技术产业之一，而且该产业还为其他高技术产业提供产品，如电子计算机设备以及电信设备；同时，半导体产业还属于研究发展活动最密集的产业。

1987 年，美国政府为鼓励改进美国的半导体生产技术，通过了年预算补贴 10 亿美元的资助，14 家在美国半导体制造业中居领先地位的企业组成研发战略技术联盟，即 Sematech 联盟。其使命有二，一是提高半导体技术的研究企业数量；二是为联盟内的成员企业提供研发资源，使其能够分享基础性成果、减少重复研究造成的浪费。Sematech 联盟聚焦于基础性的共性技术研发，而不是产品研发。根据一些学者的研究，这种战略技术联盟会使其成员企业受益，且不会威胁它们的核心能力。Sematech 联盟负责购买、测试半导体制造设备，将技术知识传播给其成员企业，通过统一购买和测试，可以减少企业重复开发、检验新的工具，从而降低设备开发及引进的成本。

Sematech 联盟的宗旨是提高美国国内半导体产业的技术，因此其成员只限于美国国内的半导体企业。国外企业在美国的子公司不能加入，例如，1988 年，日立在美国分公司的加入申请被拒绝。但对与国外企业进行合作经营的合资企业没有限制。Sematech 联盟不能参与半导体产品的销售，不能设计半导体产品，不能限制其成员企业在战略联盟以外的研发支出。Sematech 联盟的成员企业有义务为联盟提供资金资源和人力资源。成员企业需将其半导体销售收益的 1% 上交给联盟，交纳最低金额为 100 万美元，最高交纳 1500 万美元。在人力资源方面，Sematech 联盟内的 400 个技术人员中，大约有 220 个来自其成员企业，这些技术人员将在 Sematech 位于奥斯汀的总部工作 6~30 个月。Sematech 联盟也存在一些缺点，如其交纳成员费政策就广受批判。这一费用对销售额低于 1000 万美元的企业是相当重的财政负担，对销售额超过 15 亿美元的企业来说又微不足道。据一些较小规模的企业称，它们负担不起如此昂贵的费用，也不能将其企业中最好的技术人员派到 Sematech 联盟总部工作一年或更长的时间。即使它们可以加入 Sematech 联盟，它们对共同研究进程的影响也非常有限。但是也应当看到，美国半导体技术研究战略联盟逐渐使其成员企业降低用于研发活动的支出,减少了重复研究,实现研究成果共享。这意味着,联盟内的研发支出比单个企业的研发支出更有效率,即研发支出减少,而研究活动增加;或者说用更少的支出实现相同数量的研究。同时也意味着,如果没有政府的预算资助,联盟内的成员企业更倾向于自主地资助战略联盟的研发活动。同时,研究也表明,Sematech 联盟对非成员的半导体企业的技术溢出也在提高。

Sematech 联盟管理着全球领先的合作伙伴国际网络——包括代工厂、IDM、无晶圆厂、测试、封装和组装公司、材料和设备供应商,当芯片制造业面临挑战时,可以提供全产业范围的解决方案。

Sematech 联盟之所以能为其成员提供前沿的研发技术,原因之一是它与世界各地供应商、芯片制造商、大学和研究机构一直保持着很好的关系。Sematech 联盟的核心成员包括 GlobalFoundries、惠普、IBM、英特尔、三星、联电(UMC)以及纳米科学与工程学院(College of Nanoscale Science and Engineering,CNSE)。2011 年 5 月 16 日,Sematech 联盟和台积电共同宣布,台积电决定以核心成员身份加盟 Sematech 联盟。双方的合作将专注于前沿技术的开发,以解决该产业面临的一系列最紧迫挑战。

(2)美国"电子复兴计划":开启下一次电子革命

美国国防部高级研究计划局(DARPA)官员 2018 年首次公开讨论了美国"电子复兴计划"初步细节。计划未来五年投入超过 20 亿美元,联合国防工业基地、学术界、国家实验室和其他创新温床,开启下一次电子革命。美国因其在半导体领域的优势而成为 20 世纪的科技强国。如今,在摩尔定律走向终结,人工智能和量子等新兴技术及产业涌现的背景下,美国正在积极计划开创下一个十年乃至百年的领先。

美国将在未来四年向两项研究计划投入 1 亿美元,创造一种新的芯片开发工具,旨在大幅降低设计芯片的壁垒。

这两项计划涉及 15 家公司和 200 多名研究人员,此前一直处于秘密筹备阶段,在刚刚结束的 2018 年设计自动化大会(DAC)上首次得到公开讨论。

不仅如此,这两项计划只是美国国家"电子复兴计划"(Electronics Resurgence Initiative,ERI)的一部分。电子复兴计划(ERI)由 DARPA 管理,预计在未来五年投入 15 亿美元,推动美国电子产业向前发展。

美国国会最近还增加了对 ERI 的投入,每年多注资 1.5 亿美元。因此,整个项目资金将达到 22.5 亿美元。

DARPA 于 2018 年 7 月底在硅谷举办了为期 3 天的"电子复兴计划峰会",汇聚受摩尔定律影响最大的企业,包括来自商业部门、国防工业基地、学术界和政府的高级代表,就电子、人工智能、光子等五大领域的未来研究计划展开头脑风暴,共同塑造美国半导体创新的未来方向。

6 月 27 日,美国正式开始了"十年量子计划",确保美国不落后于推动量子计划的其他国家。过去 70 年来,美国因其在电子和半导体领域的领先地位,享受到了经济、政治和国家安全上的优势。如今,在摩尔定律走向终结,电子领域急需转变突破的关键点，在人工智能和量子等新兴技术及产业涌现的当下，美国正在积极计划开创下一个十年乃至百年的领先。

"电子复兴计划"的源起是美国国防部在 2018 年财政年度预算中提出给 DARPA 补充拨款 7500 万美元，联合公共部门和私人企业，提升芯片性能，方法包括但不限于不断缩小元件体积、全新的微系统材料、设计和架构的创新。

目前，微系统技术界经过 20 世纪高速发展后，正陷入一系列可以预期的长期发展障碍。微电子革命始于第二次世界大战后晶体管的发明，如今，一片小小的芯片上已经可以容纳几十亿的晶体管。但转折点已经到来。

(3) 电子复兴计划：预期的商业和国防利益将在 2025～2030 年实现

根据公开资料，电子复兴计划将专注于开发用于电子设备的新材料，开发将电子设备集成到复杂电路中的新体系结构，以及进行软硬件设计上的创新。

这一切都是为了在将微系统设计变为现实产品的时候比以往更加高效。这也意味着，电子复兴计划的技术重点是在不进行缩放的前提下，确保电子性能的持续改进和提升。

新的研究工作是对 DARPA 2017 年创建的"联合大学微电子计划"（Joint University Microelectronics Program，JUMP）的补充。

JUMP 计划是 DARPA 和产业联盟半导体研究公司联合资助的最大基础电子研究工作。预计在 5 年时间里投入 1.5 亿美元，联合了 MIT、伯克利大学、加州大学等美国众多一流高校和研究所，设置了 6 个不同的研究中心，探索不同研究方向，是一个多学科跨领域的大规模长期合作计划，目标是大幅度提高各类商用和军用电子系统的性能、效率和能力（performance，efficiency，and capabilities）。

根据 JUMP 计划的公开资料，这些研究和开发工作应该"为美国国防部在先进的雷达、通信和武器系统方面提供无与伦比的技术优势，为军事和工业部门带来优势，并为美国的经济和未来的经济增长，提供独特的信息技术和对商业竞争力至关重要的处理能力"。

JUMP 计划专注于中长期（8～12 年）探索性研究，预期的国防和商业价值将在 2025～2030 年实现。联盟致力于将资源集中在高风险、高收益、长期创新研究方面，加速电子技术和电路及子系统的生产力增长和性能提升，从而解决电子和系统技术中现有的和新出现的挑战。

如果说 JUMP 计划是一个更侧重基础和研究探索的计划，那么 ERI 则更加实际一点，也更接近产业。ERI 涉及三大重点领域。

(1) 开发用于电子设备的新材料

探索使用非常规电路元件而非更小的晶体管来大幅提高电路性能。硅是最常见的微系统材料，硅锗等化合物半导体也在特定应用中发挥了一定的作用，但这些材料的功能灵活性有限。ERI 表明，元素周期表为下一代逻辑和存储器组件提供了大量候选材料。研究将着眼于在单个芯片上集成不同的半导体材料，结合了处理和存储功能的"黏性逻辑"（sticky logic）设备，以及垂直而非平面集成微系统组件。

(2) 开发将电子设备集成到复杂电路中的新体系结构

探索针对其执行的特定任务而优化的电路结构。GPU 是机器学习持续进展的基础，GPU 已经证明了从专用硬件体系结构中能够获得大幅的性能提升。ERI 将探索其他机遇，例如根据所支持的软件需求调整进行可重新配置的物理结构。

(3) 进行软硬件设计的创新

重点开发用于快速设计和实现专用电路的工具。与通用电路不同，专用电子设备可以更快、更节能。尽管 DARPA 一直投资于这些用于军事用途的专用集成电路（ASIC），但 ASIC 的开发可能花费大量时间和费用。新的设计工具和开放源代码设计范例可能具有变革性，使创新者能够快速便宜地为各种商业应用创建专用电路。

11.2 美国政府资助项目专利产出机制

为保证这些项目的专利产出，首先从合同条款中对知识产权相关工作作了详细的规定。下面以 NO. W911NF-04-2-0022 合同中第 10 项知识产权条款[1]为例进行分析。该部分知识产权条款为通用条款，在大部分合同中基本相同，不同的地方仅为项目本身特殊的要求或者随着签订时间的不同针对美国专利法修改作出的适应性调整。

第 10 项知识产权相关条款总共有 10 条 24 款，具体内容如下。

10.1 Definitions

10.1.1 Invention means any invention or discovery which is or may be patentable or otherwise protectable under Title 35 of the United States Code, or any novel variety of plant which is or may be protected under the Plant Variety Act (7 U.S.C. 2321 et seq.).

10.1.2 Subject invention means any invention of the recipient conceived or first actually reduced to practice in the performance of work under this agreement, provided that in the case of a variety of plant, the date of determination (as defined in section 41 (d) of the Plant Variety Protection Act 7 U.S.C. 2401 (d)) must occur during the period of agreement performance.

10.1.3 Practical application means to manufacture in the case of a composition or product, to practice in the case of a machine or system; and, in the case, under such conditions as to establish that the invention is being utilized and that its benefits are, to the extent permitted by law or government regulations, available to the public on reasonable terms.

10.1.4 Made when used in relation to any invention means the conception or first actual reduction to practice of such invention.

10.1.5 Small Business Firm means a small business concern as defined at Section 2 of Public Law 85-536 (15 U.S.C. 632) and implementing regulations of the Administrator of the Small Business Administration. For the purpose of this clause, the size standards for small

---

[1] 参见：Cooperative Agreement (Agreement No. W911NF-04-2-0022) https://www.sec.gov/Archives/edgar/data/895419/000119312504144133/dex1034.htm?from=singlemessage&isappinstalled=0.

business concerns involved in Government procurement and subcontracting at 13 CFR 121. 3 – 8 and 13 CFR 121. 3 – 12, respectively, will be used.

10. 1. 6　Nonprofit Organization means a university or other institution of higher education or an organization of the type described in section 501（c）（3）of the Internal Revenue Code of 1954（26 U. S. C. 501（c）and exempt from taxation under section 501（a）of the Internal Revenue Code（25 U. S. C. 501（a））or any nonprofit scientific or educational organization qualified under a state nonprofit organization statute.

10. 2　Allocation of Principal Rights. The recipient may retain the entire right, title, and interest throughout the world to each subject invention subject to the provisions of this clause and 35 U. S. C. 203. With respect to any subject invention in which the recipient retains title, the federal government shall have a nonexclusive, nontransferable, irrevocable, paid – up license to practice or have practiced for or on behalf of the United States the subject invention throughout the world.

10. 3　Invention Disclosure, Election of Title and Filing of Patent Application by Recipient

10. 3. 1　The recipient will disclose each subject invention to ARL within two months after the inventor discloses it in writing to recipient personnel responsible for patent matters. The disclosure to the agency shall be in the form of a written report and shall identify the agreement under which the invention was made and the inventor（s）. It shall be sufficiently complete in technical detail to convey a clear understanding to the extent known at the time of the disclosure, of the nature, purpose, operation, and the physical, chemical, biological or electrical characteristics of the invention. The disclosure shall also identify any publication, sale or public use of the invention and whether a manuscript describing the invention has been submitted for publication and, if so, whether it has been accepted for publication at the time of disclosure. In addition, after disclosure to ARL, the recipient will promptly notify ARL of the acceptance of any manuscript describing the invention for publication or of any on sale or public use planned by the recipient.

10. 3. 2　The recipient will elect in writing whether or not to retain title to any such invention by notifying ARL within two years of disclosure to ARL. However, in any case where publication, sale or public use has initiated the one year statutory period wherein valid patent protection can still be obtained in the United States, the period for election of title may be shortened by ARL to a date that is no more than 60 days prior to the end of the statutory period.

10. 3. 3　The recipient will file its initial patent application on a subject invention to which it elects to retain title within one year after election of title or, if earlier, prior to the end of any statutory period wherein valid patent protection can be obtained in the United States after publication, on sale, or public use. The recipient will file patent applications in additional countries or international patent offices within either ten months of the corresponding initial patent application or six months from the date permission is granted by the Commissioner of pa-

tents and trademarks to file foreign patent applications where such filing has been prohibited by a Secrecy Order.

10.3.4 Request for extension of the time for disclosure, election, and filing under Subparagraphs 10.3.1, 10.3.2, and 10.3.3 may, at the discretion of ARL, be granted.

10.4 Conditions When the Government May Obtain Title. The recipient will convey title to ARL, upon written request, title to any subject invention:

10.4.1 If the recipient fails to disclose or elect to retain title to the subject invention within the times specified in 10.3 above, or elects not to retain title; provided that ARL may only request title within 60 days after learning of the failure of the recipient to disclose or elect within the specified times.

10.4.2 In those countries in which the recipient fails to file patent applications within the times specified in Paragraph 10.3 above; provided, however, that if the recipient has filed a patent application in a country after the times specified in 10.3 above, but prior to its recipient of the written request of ARL, the recipient shall continue to retain title in that country.

10.4.3 In any country in which the recipient decides not to continue the prosecution of any application for, to pay the maintenance fees on, or defend in reexamination or opposition proceeding on, in a patent on a subject invention.

10.5 Minimum Rights to the Recipient and Protection of the Recipient Right to File.

10.5.1 The recipient will retain a nonexclusive royalty-free license throughout the world in each subject invention to which the Government obtains title, except if the recipient fails to disclose the invention within the times specified in 10.3, above. The recipient's license extends to its domestic subsidiary and affiliates, if any, within the corporate structure of which the recipient is a party and includes the right to grant sublicenses of the same scope to the extent the recipient was legally obligated to do so at the time the agreement was awarded. The license is transferable only with the approval of ARL except when transferred to the successor of that party of the recipient's business to which the invention pertains.

10.5.2 The recipient's domestic license may be revoked or modified by ARL to the extent necessary to achieve expeditious practical application of the subject invention pursuant to an application for an exclusive license submitted in accordance with application provisions at 37 CFR part 404 and Agency licensing regulations (if any). This license will not be revoked in that field of use or the geographical areas in which the recipient has achieved practical application and continues to make the benefits of the invention reasonably accessible to the public. The license in any foreign country may be revoked or modified at the discretion of the funding Federal agency to the extent the recipient, its licensees, or the domestic subsidiaries or affiliates have failed to achieve practical application in that foreign country.

10.5.3 Before revocation or modification of the license, the funding Federal agency will furnish the recipient a written notice of its intention to revoke or modify the license, and the recipient will be allowed thirty days (or such other time as may be authorized by the funding Federal agency for good cause shown by the recipient) after the notice to show cause why the license should not be revoked or modified. The recipient hat the right to appeal, in accordance with applicable regulations in 37 CFR part 404 and Agency regulations (if any) concerning the licensing of Government – owned inventions, any decision concerning the revocation or modification of the license.

10.6 Recipient Action to Protect the Government's Interest.

10.6.1 The recipient agrees to execute or to have executed and promptly deliver to the Federal agency all instruments necessary to (i) establish or confirm the rights the Government has throughout the world in those subject inventions to which the recipient elects to retain title, and (ii) convey title to the Federal agency when requested under paragraph 10.4 above and to enable the Government to obtain patent protection throughout the world in that subject invention.

10.6.2 The recipient agrees to require by written agreement or university policies and procedures, its employees, other than clerical and non technical employees, to disclose promptly in writing to personnel identified as responsible for the administration of patent matters and in a format suggested by the recipient each subject invention made under agreement in order that the recipient can comply with the disclosure provisions of paragraph 10.3 above, and to execute all papers necessary to file patent applications on subject inventions and to establish the Government's rights in the subject inventions. This disclosure format should require as a minimum, the information required by 10.3.1 above. The recipient shall instruct such employees through employee agreements or other suitable educational programs on the importance of the reporting inventions in sufficient time to permit filing of patent applications prior to U.S or foreign statutory bars.

10.6.3 The recipient will notify the Federal agency of any decision not to continue the prosecution of a patent application, pay maintenance fees, or defend in a reexamination or opposition proceeding on a patent, in any country, not less than thirty days before the expiration of the response period required by the relevant patent office.

10.6.4 The recipient agrees to include, within the specification of any United States patent applications and any patent issuing thereon covering a subject invention, the following statement, " This invention was made with Government support under Agreement No. W911NF – 04 – 2 – 0022 awarded by ARL. The Government has certain rights in the invention. "

10.7 Subcontracts

10.7.1 The recipient will include this clause, suitably modified to identify the parties, in all subcontracts, regardless of tier, for experimental, developmental or research work to be performed by a small business firm or domestic nonprofit organization. The subcontractor will retain all rights provided for the recipient in this clause, and the recipient will not, as part of the consideration for awarding the subcontract, obtain rights in the subcontractor's subject invention.

10.7.2 The recipient will include in all other subcontracts, regardless of tier, for experimental, developmental, or research work the patent rights clause required by FAR 52 – 227.11.

10.8 Reporting on Utilization of Subject Inventions. The recipient agrees to submit on request periodic reports no more frequently than annually on the utilization of a subject invention or on efforts at obtaining such utilization that are being made by the recipient or its licensees or assignees. Such reports shall include information regarding the status of development, date of first commercial sale or use, gross royalties received by the recipient, and such other data and information as the agency may reasonably specify. The recipient also agrees to provide additional reports as may be requested by the agency in connection with any march – in proceeding undertaken by the agency in accordance with paragraph 10.10 of this clause. As required by 35 U.S.C. 202 (c) (5), the agency agrees it will not disclose such information to persons outside the Government without permission of the recipient.

10.9 Preference for United States Industry. Notwithstanding any other provision of this clause, the recipient agrees neither it nor any assignee will grant to any person the exclusive right to use or sell any subject inventions in the United States unless such person agrees that any products embodying the subject invention will be manufactured substantially in the United States. However, in individual cases, the requirement for such an agreement may be waived by the Federal agency upon a showing by the recipient or its assignee that reasonable but unsuccessful efforts have been made to grant licenses on similar terms to potential licensees that would be likely to manufacture substantially in the United states or that under the circumstances domestic manufacture is not commercially feasible.

10.10 March – in Rights. The recipient agrees that with respect to any subject invention in which it has acquired title, the federal agency has the right in accordance with the procedures in 37 CFR 401.6 and any supplemental regulations of the Agency to require the recipient, an assignee or exclusive licensee of a subject invention to grant a nonexclusive, partially exclusive, or exclusive license in any field of use to a responsible applicant or applicants, upon terms that are reasonable under the circumstances, and if the recipient, assignee, or exclusive licensee refuses such a request the Federal agency has the right to grant such a license itself if the Federal agency determines that:

10.10.1 Such action is necessary because the recipient or assignee has not taken or is not expected to take within reasonable time, effective steps to achieve practical application of the subject invention in such field of use.

10.10.2 Such action is necessary to alleviate health or safety needs which are not reasonably satisfied by the recipient, assignee, or licensee.

10.10.3 Such action is necessary to meet requirements for public use specified by Federal regulations and such requirements are not reasonably satisfied by the recipient, assignee, or licensee; or

10.10.4　Such action is necessary because the agreement required by paragraph 10.9 of this clause has not been obtained or waived or because a licensee of the exclusive right to use or sell any subject invention in the United states is in breach of such agreement.

10.11　Special Provisions for Agreements with Nonprofit Organizations. If the recipient is a nonprofit organization it agrees that:

10.11.1　Rights to a subject invention in the United States may not be assigned without the approval of the Federal agency, except where such assignment is made to an organization which has as one of its primary functions the management of inventions, provided that such assignee will be subject to the same provisions as the recipient.

10.11.2　The recipient will share royalties collected on a subject invention with the inventor, including Federal employee co–inventors (when the Agency deems it appropriate) when the subject invention is assigned in accordance with 35 U.S.C. 202 (e) and 37 CFR 401.10;

10.11.3　The balance of any royalties or income earned by the recipient with respect to subject inventions, after payment of expenses (including payments to inventors) incidental to the administration of subject inventions, will be utilized for the support of scientific research or education; and

10.11.4　It will make efforts that are reasonable under the circumstances to attract licensees of subject inventions that are small business firms and that it will give a preference to a small business firm when licensing a subject invention if the recipient determines that the small business firm has a plan or proposal for marketing the invention which, if executed, is equally as likely to bring the invention to practical application as any plans or proposals from applicants that are not small business firms; provided, that the recipient is also satisfied that the small business firm has the capability and resources to carry out its plan or proposal. The decision whether to give a preference in any specific case will be at the discretion of the recipient of the recipient. However, the recipient agrees that the Assistant Secretary of Commerce for Technology Policy may review the recipient's licensing program and decisions regarding small business applicants, and the recipient will negotiate changes to its licensing policy, procedures, or practices with the Secretary when the Secretary's review discloses that the recipient could take reasonable steps to implement more effectively the requirements of this paragraph 10.11.4.

10.12　Communication. Reports and notifications required by this clause shall be forwarded to the Grants Officer identified in this agreement.

11.3　美国政府资助典型案例分析

科锐在1993年纳斯达克上市前后开始参与美国政府资助项目。纳斯达克是美国科技型创业公司的"晴雨表"，对上市企业的规模要求相对较低，更看重其成长性和未来发展潜力。表11-3-1和附录列出了科锐参与美国政府在碳化硅领域资助项目及相关专利。

表11-3-1 美国资助科锐相关的合同案例

序号	合同发包方	合同编号	承接方	合同签订年份	涉及专利	专利申请年份
1	NAVY, SECRETARY OF THE UNITED STATES OF AMERICA	N00014-93-C-0071	科锐	1993	US5972801A	1995
2	THE STRATEGIC DEFENSE INITIATIVE OFFICE(SDIO); NAVY, SECRETARY OF THE UNITED STATES OF AMERICA	N00014-93-C-0037	科锐	1993	US5539217A	1993
3	NAVY, SECRETARY OF THE UNITED STATES OF AMERICA	N00014-02-C-0302	科锐、ABB	2002	US9455356B2	2006
					US20070108450A1	2004
					US20060130742A1	2004
					US2005020587	2004
					US9200381B2	2005
					US7314521B2	2004
4	NAVY, SECRETARY OF THE UNITED STATES OF AMERICA	N00014-02-C-0306	科锐	2002	US20070283880A1	2005
					US20070004184A1	2005
					US20060278891A1	2005
					US20060073707A1	2004
					US20050145164A9	2003
5	NAVY, SECRETARY OF THE UNITED STATES OF AMERICA	N00014-02-C-0321	科锐	2002	US20060278891A1	2005
6	NAVY, SECRETARY OF THE UNITED STATES OF AMERICA	W9111NF-04-2-0021	科锐	2004	US9455356B2	2006
					US20060130742A1	2006

续表

序号	合同发包方	合同编号	承接方	合同签订年份	涉及专利	专利申请年份
7	NAVY, SECRETARY OF THE UNITED STATES OF AMERICA	FA8650-04-2-2410	科锐	2004	US7572741B2	2005
8	AIR FORCE, UNITED STATES OF AMERICA	W911NF-04-2-0022	科锐	2004	US20080233285A1	2006
9	AIR FORCE, UNITED STATES OF AMERICA	W9111NF-04-2-0021	科锐	2004	US20080233285A1	2006
10	NAVY, SECRETARY OF THE UNITED STATES OF AMERICA	N00014-05-C-0202	科锐	2005	US9455356B2	2006
					US20070200115A1	2007
					US9455356B2	2006
					US8866150B2	2007
					US20080296771A1	2007
					US20070200115A1	2007
11	NAVY, SECRETARY OF THE UNITED STATES OF AMERICA	N00014-05-C-D203	科锐	2005	US9455356B2	2006
					US20070200115A2	2007

从项目资助的来源看，海军和空军相关部门是科锐参与政府资助项目的主要来源，SDIO 也对科锐进行了项目资助。一方面说明这两个部门更看重碳化硅领域的技术创新，另一方面也说明美国政府部门之间在同一技术领域的资助合作效率高，不会相互排斥。

从合同持续的时间来看，科锐持续 10 余年在碳化硅领域参与政府资助项目。一方面说明科锐完成政府项目的质量较好，得到了持续的认可，另一方面也说明美国政府资助项目在某一技术领域的资助可持续性比较好，能够给资助项目的承包方稳定预期。从合同承包方来看，科锐在大部分情况下能独立承担政府资助项目，也有和 ABB 这样的行业巨头共同承担项目合同的情况。一方面说明科锐的技术研发创新能力得到了同业巨头的认可，另一方面也说明美国政府资助项目发包机制比较灵活，可以根据具体事项采用独家承担或者多家合作程度，同时项目管理能力较强。

从合同发布的间隔时间来看，有近 10 年的中断间隔，在特定的年份会加大项目，例如 2004 年累计发布 4 个项目。说明美国政府资助项目的管理方对资助资源也有严格的风险评估机制，在条件不成熟的情况下，会果断暂时搁置资助项目，在条件成熟时，会果断加大资助力度，促成关键技术突破，助推其尽快实现产业化。

从各合同产出的专利数量看，处于推动产业发展的目的，每个合同项目基本都会有专利产出。在具体的数量上，美国政府资助项目并未机械地制定专利产出具体指标，而是通过设定可专利的技术创新成果的评价机制，合理把控技术秘密和专利的边界，实现资助项目长期价值最大化。

从各合同产出的专利时间看，每个合同项目都有专利产出，短则一年长则三年，专利产出的持续产出时间较长。结合合同中知识产权条款可以发现，每个合同的专利产出机制并以项目结束为考核节点，而是通过责任义务和权利分享机制来积极推动专利的产出和产业化。

第 12 章　主要结论和建议

12.1　主要结论

（1）全球第三代半导体整体情况，中国专利数量可喜、质量堪忧、存在薄弱技术环节

半导体产业还在飞速发展，必须紧跟发展潮流。中国专利申请起步较晚，核心专利较少。美国于 1927 年提交了涉及第三代半导体材料的第一件专利申请，虽然之后发展缓慢，但是其在发展过程中积累了大量基础专利。我国发展起步较晚，直至 20 世纪 80 年代才开始缓慢出现专利申请，积累的核心专利也较少。从申请量来看，我国第三代半导体产业近几年年申请量已经达到世界总申请量的一半，成为申请的主要力量，从申请的技术分支来看，我国专利申请基本涵盖第三代半导体产业的各个分支，但是在关键技术、海外布局等方面能力较弱，与其他领先国家存在较大差距。

（2）关键技术布局，美、日、欧、韩持续严密高质量布局、产业分工明确，我国在关键技术上布局力度不够，尤其是海外专利布局弱势明显

中国专利布局集中在国内，海外布局较少。美、日、韩、德等，以及中国台湾的专利流向分支更加丰富，即本地的专利通常不仅在本地内寻求保护，同时也通过巴黎协定、PCT 所提供的渠道，去外国寻求当地的法律保护。中国企业和科研机构的专利，则很大一部分选择了在中国寻求保护，忽略了在海外市场寻求保护的需求，错失了专利布局的良机，对未来国内企业"走出去"带来一定的风险。

（3）主要竞争对手专利创造、布局和运用能力突出，关键技术分支优势明显，国内企业面临较强的竞争压力

国外创新主体大多数为企业，国内集中于科研院所。相关专利主要集中在传统的半导体巨头手中，包括美国的 IBM、科锐，欧洲的英飞凌，日本的东芝、松下、住友，韩国的三星、LG 等。在排名靠前的半导体企业中也不乏像中芯国际、台积电、中科院半导体所、京东方来自中国的企业和机构，但是从多边申请量上看，和国外领先企业相比仍然存在较大差距。美、德、日、韩申请人大多来自企业，说明企业高度重视产品的开发和商业化应用上的专利保护。中国的申请量虽然很大，但来自企业的申请不到总申请量的一半，大学和科研单位的申请量占据半壁江山，说明我们的技术创新与技术产品化和商业化上转化不够。

（4）美国为专利风险高发地，聚集了大部分专利诉讼案件和相关资源

从全球专利诉讼构成方面来看，产业专利侵权诉讼的当事人大多来自美国、日本、

中国和中国台湾。大多数专利侵权诉讼发生在美国、日本，美国的专利诉讼以专利侵权维权纠纷为主，多在企业间发生。

（5）美国政府资助项目前瞻性强、市场导向明确、管理方式兼具原则性和灵活性，企业运用专利策略灵活多样。

12.2 主要建议

（1）采取"错位竞争、补充短板"知识产权战略，加强产学研用，有望在全球第三代半导体领域开展同代竞争

第三代半导体的发展到了从跟踪模仿到并驾齐驱、进而可能在部分领域获得领先和比较优势的阶段，有机会实现超越。迫切需要在战略层面对第三代半导体加大知识产权投入，实施"错位竞争、补充短板"知识产权战略，抢占半导体领域战略制高点。在专利布局策略上既要注重全面布局，也要讲究重点突破、非对称发展，要利用高校和科研院所比较集中、科研水平较强的优势，充分发挥现有行业协会的作用，建立产学研一体化的产业联盟，增加产学研结合部的联结强度和深度，为第三代半导体产业创建发展平台，形成成果共享、风险共担、效益共赢的机制。建立专利池，构建技术创新成果利益共享机制，共同应对产业知识产权风险，通过专利联盟整合区域内的战略资源，加强知识产权保护，降低获取知识产权的成本，提升竞争优势地位。通过实施专利导航，提高产业发展方向决策的科学性，并站在产业发展的高度支撑技术创新。通过实施知识产权分析评议，提高重大研发和产业化项目的知识产权风险应对能力。积极运用专利提升企业竞争能力，充分发挥专利的产业价值，为进入全球第三代半导体产业竞争第一梯度提供高效支撑。

（2）鼓励企业积极开展海外专利布局，完善关键技术薄弱环节布局，关注产品应用类高价值专利，提升专利布局质量

加强对知识产权的重视程度，继续鼓励申请主体提升专利布局综合竞争能力，尤其要鼓励企业开展高价值专利培育，提升专利质量，引导各方力量加大对大尺寸单晶衬底、外延生长技术、半导体核心制造装备以及相关半导体器件等关键技术进行技术攻关，促进整个产业链的发展。对标美国、欧洲和日本的企业，保持单晶生长和器件工艺方面的增长速度，着重鼓励在衬底加工和外延生长方面的专利申请。加大对国外布局专利的支持和引导力度。大力支持高校和科研院所提升专利运营力度，充分利用高校和科研院所的优势研发资源，适当关注欧洲、日本重要专利，开展院企、校企产业和国内外对接合作，积极推进专利成果产业化。

（3）加大遴选培育京津冀、长三角、闽三角、粤港澳等区域第三代半导体领域知识产权示范企业，密切跟踪主要竞争对手，提升技术创新质量

企业是社会创新的主体，科技进步和产业的长远发展都离不开企业的自主创新，要充分调动企业的积极性，利用政策、市场等手段对企业的创新能力进行帮助；同时也要激发企业内部强大的创新潜力，如果企业自身能够鼓励内部创新，形成一系列的

创新激励机制，激发自身的创新能力，形成规模化的技术创新，推动企业培育高价值专利，提升企业知识产权运用能力。要充分利用中国区域产业聚集优势，加强沟通和交流，通过各种手段整合资源，要扩大科技开发合作，广泛参与高层次国际科技合作，拓展国际交流与合作的广度和深度，提升第三代半导体产业的创新水平和国际竞争力，成为国际第三代半导体产业创新的主要聚集地。

关注全球主要发明人，积极汇聚全球人才，形成人才高地。充分利用发明人的专利数据，对全球主要发明人的技术创新方向、核心创新能力和可持续创新成果保持密切的关注，通过多种形式的交流、合作构建国际化人才交流合作机制，以开放共赢为基础，推动技术、人才、产业、资金进行集聚，进一步优化和集成创新资源，建立第三代半导体产业人才集聚地。

积极制定专利风险应对策略，借鉴成功经验，尽快熟悉国际竞争规则，做好应对纠纷的充分准备。第三代半导体产业是专利密集型产业，专利纠纷是未来快速发展阶段必然发生的事件，各市场主体要充分利用专利保护制度提升自身的市场竞争力。当前，我国知识产权保护环境不断优化，对专利侵权进行严厉打击的态势越来越明显，可以预测未来中国也会成为专利侵权纠纷事件的高发地。无论是国外还是国内企业都有可能充分利用这一制度优势，尤其是国外企业利用知识产权游戏规则的实战经验远比国内企业丰富。因此，国内企业应充分评估专利风险，积极制订风险应对方案，尽快熟悉中国专利保护趋势的最新变化和国际知识产权纠纷处理规则，提升专利纠纷应对能力，大力发展第三代半导体领域专利运用市场，借鉴国外政府资助管理经验，支持企业采用灵活的知识产权运用策略。

我国国内市场规模庞大，必须坚持需求导向和产业化的发展方向，以应用推动产业发展。加强市场化、网络化、国际化的公共科技服务平台建设，从产品设计、技术服务、成果转化与孵化、配套服务等多个方面进行资源管理与流程整合。充分发挥知识产权运营平台作用，打通知识与资本之间的障碍，增加信息公开透明度，有效降低交易成本，最终提高科技成果转化率和成功率。政府资助项目应在新兴技术萌芽早期介入资助，对风险高、短期收益低、长期溢出效应高的基础共性技术进行资助，规范资助项目的知识产权管理，通过合同条款明确专利权归属和许可原则，对具体的专利产出数量不宜限定具体指标，应当建立合适的技术创新成果专利保护评估机制，充分发挥政府资助项目的基础建设属性和最大化社会溢出效应。在资助对象的选择上，适当向新兴技术领域的中小微企业倾斜，降低中小微企业参与政府项目的准入门槛，培育战略新兴产业的新兴市场主体。

附录 美国政府资助项目碳化硅领域主要专利

序号	专利名称	申请日	专利申请人	专利申请号	技术方案	权利要求1	附图
1	碳化硅晶闸管	1993-08-09	科锐	US08103866	SiC晶闸管具有衬底、阳极、漂移区、栅极和阴极。基板、阳极、漂移区、栅极和阴极均优选由碳化硅形成。基板由具有一种导电类型的碳化硅形成，并且根据实施例，阳极或阴极形成在基板附近并且具有与基板相同的导电类型。在阳极或阴极附近形成碳化硅的漂移区，并且具有与阳极或阴极相反的导电类型。取决于实施例，栅极邻近漂移区或阴极形成，并且具有与漂移区或阴极相反的导电类型。同样取决于实施例，阳极或阴极形成在栅极或漂移区附近并且具有与栅极相反的导电类型	一种能够在宽温度范围内工作的晶闸管，所述晶闸管包括：由碳化硅形成的基板，由碳化硅形成的阳极，并且定位成覆盖所述基板；一个门，用于覆盖所述阳极；由碳化硅和所述硅晶区之间，其厚度小于可比较的硅晶闸管，并且在预定的工作电压下的掺杂水平高于可比较的硅晶闸管，以提供具有宽温度范围的晶闸管；阴极由碳化硅形成并定位成覆盖所述栅极形成的欧姆接触至少位于所述栅极和所述阴极上	

135

续表

序号	专利名称	申请日	专利申请人	专利申请号	技术方案	权利要求1	附图
2	减少碳化硅上氧化层缺陷的工艺	1995-11-08	科锐	US8554319	公开了一种用于获得改进的氧化物层并由此获得基于氧化物的器件的改善的性能该方法包括将碳化硅层上的氧化物层暴露于氧化源气体,其温度低于高着速率开始氧化的温度,同时到足以使氧化源气体扩散到氧化物层中。并且,同时避免碳化硅的任何实质上的额外氧化,并且持续足够的时间以使氧化物层致密化并改善氧化物层和碳化硅层之间的界面	一种在碳化硅上获得氧化物层并由此获得碳化硅器件得到改善的性能的方法,该方法包括:制备用于氧化层的碳化硅层的表面;在制备的碳化硅表面上产生干氧化物层;然后将氧化物层下面的碳化硅层暴露在氧化源气体中,温度约为600~1000℃。同时避免氧化层下的碳化硅的任何实质上的额外氧化,并且足以使氧化物层致密化并改善氧化物层和下面的碳化硅层之间的界面	

续表

序号	专利名称	申请日	专利申请人	专利申请号	技术方案	权利要求1	附图
3	在含氢的环境中生长超高纯度碳化硅晶体	2003-07-28	科锐	US10628189	公开了一种用于制造具有受控氮含量的半绝缘碳化硅晶体的方法。该方法包括以下步骤:将含氢的环境气体引入升华生长室,将碳化硅源粉末加热至氢气环境生长室中的升华,同时加热然后在氢气环境生长室中保持碳化硅晶种低于源粉末温度的第二温度,来自源粉末的升华物质将在碳化硅晶种上冷凝,继续加热碳化硅源粉末,直到在晶种上发生所需量的碳化硅晶体生长,同时保持生长室中氢的碳化硅晶体的环境浓度足以使掺入碳化硅晶体中的氮的量最小化,同时在升华过程中保持源粉末在足够高的温度下足以增加使得所得碳化硅晶体半绝缘的量	一种通过在生长室中加热并保持碳化硅源粉末升华生成半绝缘碳化硅晶体的方法,同时将碳化硅源粉末加热至生长室中的碳化硅晶种加热至保持在低于该温度的第二温度,其中来自升华物质的第二温度升华物质在晶种上凝结以连续生长碳化硅各个晶体,同时在升高生长晶种和晶体足够高以增加点缺陷的数量。生长碳化硅晶体包括碳化硅晶体达到使掺入碳化硅晶体中的氮的量最小化	

137

续表

序号	专利名称	申请日	专利申请人	专利申请号	技术方案	权利要求1	附图
4	减少碳化硅外延中的胡萝卜缺陷	2004-03-01	科锐	US10790406	通过将衬底放置在外延生长反应器中,在衬底上生长第一层外延碳化硅,中断第一层外延碳化硅的生长,蚀刻,制造离轴衬底上的单晶碳化硅外延层。第一层外延碳化硅以减小第一层的厚度,并在第一层外延碳化硅上再生长第二层外延碳化硅。可以通过中断外延生长工艺、蚀刻生长层和再生长第二层外延碳化硅来终止胡萝卜缺陷。生长中断/蚀刻/再生长可以重复多次。碳化硅外延层内具有至少一个终止于外延层内的胡萝卜缺陷。半导体结构包括在轴外碳化硅衬底上的碳化硅外延层,以及在衬底和外延层之间的界面附近具有成核点的胡萝卜缺陷,并且终止在外延层内	一种半导体结构,包括具有胡萝卜缺陷的碳化硅外延层,所述胡萝卜缺陷终止于所述外延层内	

续表

序号	专利名称	申请日	专利申请人	专利申请号	技术方案	权利要求 1	附图
5	包括具有侧壁的多个外延层的碳化硅半导体结构	2004-08-30	科锐	US10929911	通过在碳化硅衬底的表面中形成第一特征来制造外延碳化硅衬底,结构化硅层,结晶方向的离轴取向。第一特征包括至少一个侧壁,其与结晶方向不平行(即,倾斜或垂直)取向。然后在碳化硅衬底的表面上生长第一外延碳化硅层,其中包括第一特征。在第二外延层中形成第二特征。在第二外延碳化硅层的表面上生长第二外延碳化硅层,其中包括第二特征	一种碳化硅半导体结构,包括:碳化硅衬底,具有朝向预定结晶方向的离轴取向并且在其表面中包括多个第一部件,所述多个第一部件包括至少一个朝向的第一结晶方向不平行于预定结晶方向的第一侧壁;在所述碳化硅衬底的表面上的第一外延碳化硅层,其中包括所述多个第一部件,所述第一外延碳化硅层比所述多个第一部件中的侧壁深度厚并且包括多个第二部件,其表面包括至少一个不平行于第二结晶方向的第二侧壁,所述多个第二部件包括至少一个第二侧壁,所述第二侧壁不平行于预定的结晶方向;第一外延碳化硅表面上包括多个第二部件,并且厚于所述至少一个第二侧壁的深度	

139

续表

序号	专利名称	申请日	专利申请人	专利申请号	技术方案	权利要求1	附图
6	低 1c 螺丝位错 3 英寸碳化硅晶圆	2004-10-04	科锐	US10957806	公开了一种高质量的 SiC 单晶晶片，其直径至少约为 3 英寸，1c 的螺旋位错密度小于约 2000cm^{-2}	一种 SiC 的高质量单晶晶片，其直径至少约为 3 英寸，1c 螺旋位错密度小于约 2000cm^{-2}	
7	低微管 100 毫米碳化硅晶圆	2004-10-04	科锐	US10957807	公开了一种高质量的 SiC 单晶晶片，其直径至少约为 100mm，微管管密度小于约 25cm^{-2}	一种形成高质量 SiC 单晶晶片的方法，该方法包括：形成具有直径至少约 100mm 的 SiC 晶锭；从所述晶锭切割出具有小于约 25cm^{-2} 的微管密度的晶片	
8	生产少数载流子增加的碳化硅晶体的方法	2005-02-07	科锐	US11052679	描述了一种制备具有增加的少数载流子寿命的碳化硅晶体的方法。该方法具有第一浓度的碳化硅晶体中心复合中心加热和缓慢冷却使得少数载流子复合中心的所得浓度低于第一浓度	一种生产具有增加的少数载流子寿命的碳化硅晶体的方法，包括：在生长温度下生长以形成具有第一浓度的少数载流子复合中心的碳化硅晶体，将所述碳化硅晶体加热到高于其生长温度的温度，以解离第一浓度的少数载流子复合中心一些所述碳化硅晶体复合中心以降低其浓度；然后以足够慢的速率冷却所述碳化硅晶体，以减少所述碳化硅晶体的复合，从而提供具有低于第一浓度的第二浓度的少数载流子复合中心的碳化硅晶体，从而提供具有增加少数载体寿命的碳化硅晶体，从而提高少数载体寿命	

140

续表

序号	专利名称	申请日	专利申请人	专利申请号	技术方案	权利要求1	附图
9	用于生产散装碳化硅单晶的装置和方法	2005-03-24	科锐	US11089064	提供了一种用于生长块状碳化硅单晶的装置和方法。该装置包括具有硅蒸汽相出口的升华室,其允许蒸汽相物质通过,同时通过最小化其他气相物质的选择性化学计量的控制,这反过来可以允许生产具有降低的本征点缺陷浓度的块状碳化硅单晶	一种用于生产块状碳化硅单晶的装置,包括:腔室,用于升华碳化硅源材料并将升华的碳化硅蒸汽输送到碳化硅晶体生长表面;在所述升华室内具有生长表面的碳化硅晶体生长表面的碳化硅源材料,用于支持从所述升华的碳化硅源材料,用于允许所述碳化硅晶体生长表面的取向基本上垂直于升华室中的碳化硅源材料,位于升华室的硅(Si)蒸气出口,用于允许升华室内优先释放原子硅到升华室外部的区域,同时保留升华室内的其他蒸气物质	
10	在100毫米直径碳化硅衬底上高度均匀的Ⅲ族氮化物外延层	2005-06-10	科锐	US11149664	公开了一种半导体结构,其包括直径为至少100mm的碳化硅晶片,在晶片上具有Ⅲ族氮化物异质结构,其在许多特性方面表现出高均匀性。其中包括:整个晶圆的薄层电阻率标准偏差小于3%;晶圆上电子迁移率标准偏差小于1%;晶片上载流子密度的标准偏差不超过约3.3%;并且整个晶片的标准电导率标准偏差约为2.5%	一种半导体结构,包括:碳化硅衬底,其直径为至少100mm;所述基板上的Ⅲ族氮化物结构;并且所述薄层电阻率表明所述晶片上的标准偏差小于3%	

续表

序号	专利名称	申请日	专利申请人	专利申请号	技术方案	权利要求1	附图
11	碳化硅衬底的低位错密度的Ⅲ族氮化物层,使它们的方法	2005-06-29	科锐	US11169471	提供Ⅲ族氮化物半导体器件结构,其包括碳化硅(SiC)衬底和SiC衬底上方的Ⅲ族氮化物外延层。Ⅲ族氮化物外延层具有小于约 $4×108cm^{-2}$ 的位错密度和/或至少约50V的隔离电压	一种半导体器件结构,包括:碳化硅(SiC)衬底;SiC衬底具有上方的Ⅲ族氮化物外延层,Ⅲ族氮化物外延层具有小于约 $4×108cm^{-2}$ 的位错密度和至少约50V的隔离电压	
12	通过在晶种界面管理应力产生热散量高质量碳化硅单晶的装置	2005-10-12	科锐	US11249107	公开了一种通过减少碳化硅晶种和种子保持器之间的分离来在种子生长系统中生产高质量的碳化硅块状单晶体的方法,直到到晶种和种子保持器之间的传导热传递支配辐射为止。晶种和种子保持器相邻的基本上整个晶种表面上的热传递	一种使用晶种生长系统生产高质量碳化硅单晶体的方法,该方法包括:减少碳化硅晶种和种子保持器之间的分离,直到种子保持器的传导热传递占主导地位。晶种和种子保持器之间在与晶种表面上的辐射热传递;在开始生长基本相同的直径下开始生长,同时使晶种上的扭转应力最小化,然后使用种子升华技术生长状单晶基本相同直径的块状单晶,同时使有助于电特性的掺杂剂浓度最小化,以产生通过将整个好的补偿晶体的补偿晶体加热到2000℃至2400℃的温度来处理生长的补偿晶体,以增加点缺陷;随后以每分钟30℃至150℃的速率冷却生长的补偿晶体,以避免点缺陷退回到生长补偿晶体中;从生长的补偿晶体切割碳化单晶晶片,碳化单晶晶片具有大于10000ohm-cm的电阻率和小于 $200cm^{-2}$ 的微管密度	

续表

序号	专利名称	申请日	专利申请人	专利申请号	技术方案	权利要求1	附图
13	高功率碳化硅（SiC）具有低正向压降的PIN二极管	2006-02-28	科锐	US11363800	提供的碳化硅（SiC）PiN二极管具有从3.0~10.0kV的反向阻断电压（VR）并且具有更小的正向电压（VF）	一种碳化硅（SiC）PiN二极管，具有3.0~10.0kV的反向阻断电压（VR）和小于约4.3V的正向电压（VF），其中VF在操作期间基本上稳定。PiN二极管其中SiC PiN二极管在25℃和530℃之间的温度下操作时具有小于约420A的平均正向电流（IF），其中SiC PiN二极管是10kV、4H-SiC PiN二极管；SiC PiN二极管还包括：导电n型SiC衬底；衬底上的n型SiC漂移层；n型漂移层上的p型SiC阳极注入层，具有第一和第二部分的p型SiC阳极注入层，其中第一部分是具有第一浓度的p++层，其第二载流子浓度大于第一漂移层上的第一载流子浓度；其中第二二极管的阻断电压（VR）约为10.0kV，平均IF约为50A，反向恢复时间（trr）约为300nsec，反向恢复电荷（Qrr）约为1.6μC，温度约为150℃	

续表

序号	专利名称	申请日	专利申请人	专利申请号	技术方案	权利要求1	附图
14	形成具有高反型层迁移率的SiC MOSFET的方法	2006-07-14	科锐	US11486752	在碳化硅上形成氧化物层的方法包括在碳化硅层上热生长氧化物层,并在温度高于1175℃的含NO的环境中对氧化物层进行退火。氧化物层可以在NO中退火。碳化硅管,可以涂有碳化硅。为了形成氧化物层,可以在干燥的O_2中在碳化硅上热生长初始氧化物,并且可以在湿O_2中再氧化初始氧化物	一种在碳化硅上形成氧化物层的方法,包括:在碳化硅层上热生长氧化物层;在大于1175℃的温度下在含NO的环境中对氧化物层进行退火	
15	通过至少部分地去除N型碳化硅衬底来制造碳化硅功率器件的方法以及如此制造的碳化硅功率器件	2007-05-31	科锐	US11756020	通过在n型碳化硅衬底上形成p型碳化硅外延层,并在p型碳化硅外延层上形成碳化硅功率器件结构来制造碳化硅功率器件。至少部分地去除n型碳化硅衬底,以暴露p型碳化硅外延层。在暴露的至少一些p型碳化硅外延层上形成欧姆接触。通过至少部分地去除n型碳化硅衬底并在p型碳化硅外延层上形成欧姆接触,可以减少或消除使用p型相关结构描述了相关结构	一种制造碳化硅功率器件的方法,包括:在n型碳化硅衬底上形成p型碳化硅外延层;在p型碳化硅外延层上形成碳化硅功率器件结构;至少部分地去除n型碳化硅衬底,以暴露p型碳化硅外延层;在暴露的p型碳化硅外延层上形成欧姆接触	

图 索 引

图 2-1-1 第三代半导体领域全球、美国、中国专利申请量趋势（14）

图 2-1-2 碳化硅领域全球、美国和中国的专利申请量趋势（15）

图 2-1-3 氮化镓领域全球、美国和中国的专利申请量趋势（16）

图 2-1-4 其他材料领域全球、美国和中国的专利申请量趋势（16）

图 2-2-1 第三代半导体主要分支专利申请国家/地区分布（17）

图 2-2-2 第三代半导体领域全球专利申请流向（彩图1）

图 2-2-3 第三代半导体领域主要国家或地区来华专利申请（20）

图 2-2-4 碳化硅、氮化镓、其他材料领域主要国家/地区在华专利申请分布（20）

图 2-2-5 第三代半导体领域国内主要省市专利申请量及有效量情况（21）

图 2-2-6 碳化硅、氮化镓、其他材料领域国内主要省市专利申请量及有效量情况（22）

图 2-3-1 第三代半导体领域全球专利申请人排名（23）

图 2-3-2 碳化硅、氮化镓、其他材料领域全球专利申请人排名（24）

图 2-3-3 第三代半导体领域专利中国申请人排名及其有效专利情况（25）

图 2-3-4 碳化硅、氮化镓、其他材料领域中国专利申请人排名及其有效专利情况（26）

图 2-4-1 第三代半导体领域全球专利技术构成（彩图2）

图 2-4-2 第三代半导体领域中国专利技术构成（27）

图 2-4-3 第三代半导体领域美国专利技术构成（彩图3）

图 2-4-4 第三代半导体领域日本专利技术构成（28）

图 2-4-5 第三代半导体领域韩国专利技术构成（29）

图 2-4-6 第三代半导体领域中国台湾专利技术构成（30）

图 3-1-1 碳化硅制备技术全球、美国和中国的专利申请量趋势（31）

图 3-1-2 碳化硅制备技术各技术分支主要国家/地区专利布局对比（32）

图 3-1-3 碳化硅制备技术主要国家/地区专利布局对比（彩图4）

图 3-1-4 碳化硅制备技术主要申请人排名（34）

图 3-1-5 碳化硅单晶生长技术专利发展路线（彩图5）

图 3-1-6 碳化硅制备技术生命周期（38）

图 3-2-1 碳化硅器件技术全球、美国、中国的专利申请量趋势（39）

图 3-2-2 碳化硅器件技术主要国家/地区专利布局对比（41）

图 3-2-3 碳化硅器件技术主要申请人专利排名（42）

图 3-2-4 碳化硅器件技术生命周期（44）

图 3-3-1 碳化硅应用技术全球、美国、中国的专利申请量趋势（45）

图 3-3-2 碳化硅应用技术主要国家/地区专利布局对比（46）

图 3-3-3 碳化硅应用技术主要申请人专利申请排名（47）

图 3-3-4 碳化硅应用技术生命周期（48）

图 4-1-1 氮化镓制备技术全球、美国、中国

图4-1-2 氮化镓制备技术各分支主要国家/地区专利布局对比（50）
图4-1-3 氮化镓制备技术主要国家/地区专利布局对比（51）
图4-1-4 氮化镓制备技术主要申请人专利排名（52）
图4-1-5 氮化镓制备技术专利发展路线（53）
图4-1-6 氮化镓外延技术专利发展路线（56）
图4-1-7 氮化镓制备技术生命周期（57）
图4-2-1 氮化镓器件及应用技术全球、美国、中国的专利申请量趋势（58）
图4-2-2 氮化镓器件和应用技术主要国家/地区专利布局对比（60）
图4-2-3 氮化镓器件及应用技术主要申请人排名（61）
图4-2-4 氮化镓器件应用技术生命周期（63）
图5-2-1 英飞凌第三代半导体材料领域专利布局时间（66）
图5-2-2 英飞凌第三代半导体材料领域专利区域布局（67）
图5-2-3 英飞凌第三代半导体材料各技术分支专利主题布局（67）
图5-3-1 英飞凌第三代半导体领域专利申请主要发明人排名（68）
图5-3-2 英飞凌碳化硅领域专利申请主要发明人排名（68）
图5-3-3 英飞凌氮化镓领域专利申请主要发明人排名（69）
图5-3-4 英飞凌其他材料领域专利申请主要发明人排名（69）
图5-3-5 英飞凌主要发明人研发合作示意图（彩图6）
图5-4-1 英飞凌第三代半导体领域转让及受让专利情况（71）
图6-2-1 科锐第三代半导体材料领域专利申请趋势（74）
图6-2-2 科锐第三代半导体材料领域专利区域布局（74）
图6-2-3 科锐第三代半导体材料各技术分支专利布局（75）
图6-3-1 科锐第三代半导体领域专利申请主要发明人排名（75）
图6-3-2 科锐碳化硅领域专利申请主要发明人排名（76）
图6-3-3 科锐氮化镓领域专利申请主要发明人排名（76）
图6-3-4 科锐其他材料领域专利申请主要发明人排名（77）
图6-3-5 科锐主要发明人研发合作示意图（77）
图6-4-1 科锐第三代半导体材料领域转让及受让专利情况（79）
图7-1-1 第三代半导体技术全球前20位发明人排名（80）
图7-1-2 碳化硅技术全球前20位的发明人排名（81）
图7-1-3 氮化镓技术全球前20位发明人专利排名（82）
图7-1-4 其他材料技术全球前20位发明人排名（83）
图7-1-5 碳化硅器件技术全球前20位发明人排名（84）
图7-1-6 碳化硅应用技术全球前20位发明人排名（85）
图7-1-7 碳化硅制备技术全球前20位发明人排名（86）
图7-1-8 氮化镓器件及应用技术全球前20位发明人排名（87）
图7-1-9 氮化镓制备技术全球前20位发明人排名（88）
图8-1-1 第三代半导体专利转让趋势（95）
图8-1-2 第三代半导体领域全球专利转让主要来源国家/地区（96）
图8-1-3 碳化硅、氮化镓及其他材料领域全球专利转让主要来源国家/地区（96）
图8-1-4 第三代半导体领域全球专利转让人排名（97）
图8-1-5 氮化镓技术全球专利转让人排名（98）

图 8-1-6 其他材料技术全球专利转让人排名 （99）
图 8-1-7 第三代半导体全球专利受让人排名 （100）
图 8-1-8 碳化硅技术全球专利受让人排名 （100）
图 8-1-9 氮化镓技术全球专利受让人排名 （101）
图 8-1-10 其他材料技术全球专利受让人排名 （102）
图 8-1-11 第三代半导体各技术分支专利转让排名 （103）
图 9-1-1 第三代半导体领域中国专利许可趋势 （105）
图 9-1-2 第三代半导体领域中国许可人专利数量排名 （106）
图 9-1-3 碳化硅领域中国许可人专利数量 （106）
图 9-1-4 氮化镓领域中国许可人专利数量 （107）
图 9-1-5 其他材料领域中国许可人专利数量 （107）
图 9-1-6 第三代半导体技术中国专利被许可人排名 （108）
图 9-1-7 碳化硅技术中国专利被许可人排名 （108）
图 9-1-8 氮化镓技术中国专利被许可人排名 （109）
图 9-1-9 其他材料中国专利被许可人排名 （109）
图 9-1-10 第三代半导体各技术分支专利许可排名 （110）
图 10-1-1 第三代半导体技术专利诉讼主要发生国家和地区 （114）
图 10-1-2 第三代半导体专利诉讼当事人排名 （114）
图 10-1-3 碳化硅领域专利诉讼当事人排名 （114）
图 10-1-4 氮化镓领域专利诉讼当事人排名 （115）
图 10-1-5 其他材料领域专利诉讼当事人排名 （115）
图 10-1-6 第三代半导体领域各技术分支诉讼专利数量 （115）
图 10-2-1 VEECO 起诉专利原理图 （117）

表　索　引

表 1-2-1　2017 年各国/组织第三代半导体领域的研发项目部署和标准进展 （5~6）

表 1-2-2　2017 年国内第三代半导体领域相关政策措施 （7）

表 1-3-1　第三代半导体技术分解 （9~10）

表 1-4-1　第三代半导体领域常用技术术语 （13）

表 7-2-1　第三代半导体领域主要发明人专利申请数量排名 （89）

表 7-2-2　碳化硅领域主要发明人专利申请数量排名 （89）

表 7-2-3　氮化镓领域主要发明人专利申请数量排名 （90）

表 7-2-4　其他材料领域主要发明人专利申请数量排名 （91）

表 7-2-5　碳化硅制备领域主要发明人专利申请数量排名 （91）

表 7-2-6　碳化硅器件领域主要发明人专利申请数量排名 （92）

表 7-2-7　碳化硅应用领域主要发明人专利申请数量排名 （93）

表 7-2-8　氮化镓制备领域主要发明人专利申请数量排名 （93）

表 7-2-9　氮化镓器件及应用领域主要发明人专利申请数量排名 （94）

表 8-2-1　英飞凌转让科锐专利 （103~104）

表 9-2-1　科锐专利许可概况 （111~112）

表 11-3-1　美国资助科锐相关的合同案例 （129~130）